武进中心城区绿地景观风貌构建

Urban Landscaping Construction of Wujin

谷　康　潘丽琴　潘　翔　等◎著
朱春艳　谷雷鸣

U0396271

东 南 大 学 出 版 社

前　言

城市风貌是以空间为平台,通过自然和人文景观体现出来的城市传统文化、精神特征和城市生活的景观环境特征。城市风貌的研究内容包括城市文化、传统习俗以及城市的内在精神即城市之"风"和城市物质空间环境即城市之"貌",同时也是通过这些非物质环境风貌和物质环境风貌共同来体现的。在一些历史悠久的城市,城市中的历史文化风貌就是城市风貌最主要的部分,其影响深入城市的各个角落,如处处都有古城影子的平遥、弥漫着深厚历史气息的山海关。

武进位于江苏省常州市南部,地处上海和南京之间,是一颗镶嵌在长三角经济带的"苏南明珠"。2002 年,武进撤市设区,成为常州都市区的"金南翼",常州主城与武进各方面对接工作有序开展,城市道路系统和公交系统有机衔接,常州大学城逐步向城市新南翼布局等,也为武进的综合发展提供了契机。武进中心城区绿地景观风貌特色研究依托现状绿地以及近期规划的绿地系统布局,建设以"花都水城""春秋吴韵"为基本特色的绿地系统,塑造高品位的城市形象。挖掘武进丰富的历史文化资源,并使之充分体现在城市绿地的景观特色上,以提升城市的品位和魅力。在风景园林学科相关理论知识的指导下,研究武进城市绿地景观风貌,并结合绿地系统规划来分析如何体现城市绿地特色,具有十分重要的现实意义。具体过程为首先对绿地景观风貌进行系统构成要素分析、系统层次分析、系统类型分析、系统结构分析和系统功能分析;其次,从宏观、中观、微观方面入手,对城市绿地景观风貌概况进行梳理;最后,对武进城市绿地景观风貌进行详细设计引导。本书通过对相关理论研究的总结和梳理,在当前研究结果的基础上,结合实践课题结果,从不同的角度全面、系统地分析了武进绿地特色内涵,并详细阐述了如何通过绿地系统建设相关措施将城市特色资源融入城市绿地布局中,使武进城市绿地形成合理的结构及优良的生态环境,充分突显武进城市绿地风貌,形成具有武进特色的绿地系统。

本书基于相关理论研究成果,结合作者近期的实践课题研究,通过归纳、整理而成。首先,对国内外绿地特色规划相关研究进行了梳理,对城市绿地景观风貌进行了系统认知分析,整理了相关的研究方法及途径。其次,通过实践调查及资料的收集、整理,对武进的城市绿地特色资源进行了分析总结。在此基础之上,结合相关实践课题,从宏观、中观、微观三个层次探讨武进城市绿地景观概况,指导武进城市绿地景观风貌系统规划,旨在突出武进的城市绿地特色,彰显其悠久的历史文化及丰富的景观、人文特色。希望本书中对武进城市绿地特色的研究能对本领域相关研究的深入及发展起到一定的积极作用,也希望能吸引更多专家、学者关注并加入绿地特色的研究,逐步完善相关理论和实践体系,进一步推动城市绿地特色的建设和发展。

在本书出版之际,感谢南京林业大学风景园林学院硕士研究生赵梦蕾、刘莹,本书的一部分材料源自他们撰写的硕士学位论文。成书过程中,南京林业大学风景园林学院风景园林专业学位硕士研究生高梦晗、魏燕等同学不辞劳苦,收集、整理相关资料,在此表示深深的谢意,感谢他们对本书付出的辛勤工作。另外,我要感谢课题合作伙伴们以及学生们,感谢他们对我的支持和帮助。

最后,感谢本书所引用文献的作者们,是他们的研究拓宽了我的视野,本书的完成与他们的研究成果是分不开的。此外还要衷心感谢东南大学出版社的编辑及相关工作人员为本书顺利出版所付出的努力。

本书中所引用的相关研究成果和资料,如涉及版权问题,请与作者联系。

望读者批评指正,以便今后进一步修改、补充!

著者

2019 年 10 月

目 录

图片目录

① 目录中未注来源的图表为作者自制。

表格目录

1 国内外城市绿地景观风貌规划研究概况

1.1 相关概念

1.1.1 系统论

1.1.1.1 系统思想的兴起

20 世纪的科学技术在近代科学技术的基础上得到了全面的发展,自然科学和社会科学的发展,推动了科学技术的社会化,也推动了社会的科学技术化,使科学技术开始形成一个多层次的、综合的统一整体,从而也呼唤科学技术在理论形态上的新的综合。在这样的背景下,系统思想应运而生。20 世纪 70 年代,一般系统论作为一种时髦的科学方法论活跃于国际学术论坛。一般系统论是由美籍奥地利裔生物学家贝塔兰菲(L. V. Bertalanffy,1901—1971)创立的,来源于生物学中的机体论,是在研究复杂的生命系统中诞生的。一般系统论认为,所有复杂事物,如生命现象或社会现象等,无论其规律过程还是其复杂行为,其动因都在于事物内部各要素之间的相互作用和有机组合。作为 20 世纪的重大科学成果之一,系统论对社会多方面的发展都起到了很大的推动作用。自 1979 年起,我国科学家钱学森就十分重视对系统论的研究,他提出"系统科学"这一科学技术的新体系,指出系统论是系统科学与马克思主义哲学的桥梁。由此,奠定了系统科学在我国发展的基础。系统论为各学科研究提供了一种新的方法和思路,加深了对风景园林学科的理论研究,也为系统论引入城市风貌研究奠定了基础。

1.1.1.2 系统与系统论

系统有多种定义,贝塔兰菲认为系统可以定义为相互作用着的若干要素的复合体,是处于一定的相互关系中并与环境发生关系的各组成部分的集合。李建华等认为系统是一定边界范围内部相互作用的多个要素的整体,一个基本的系统包括相对的边界,内部多个动态变化的要素,以及要素之间的种种相互作用等[1]。朴昌根经过分析系统的各种定义提出系统即"对任意选定的某种性质具有特定关系的诸要素的集合体,或者对任意选定的某种关系具有特定性质的诸要素的集合体"[2]。我国科学家钱学森等则认为系统是由相互关联和相互制约的各个部分组成的具有特定功能的有机整体[3],强调系统之所以可以称为系统,至少需要3个条件:相互联系的各要素,具有特定结构,具有特定的功能,即要素、结构和功能3个因素。

系统论是系统科学研究客观世界的基本着眼点,也是研究系统一般模式、结构和规律的出发点。系统论的核心思想是系统的整体观念,就是把所研究的和处理的对象当作一个系统来分析其结构和功能,研究系统、要素、环境三者的相互关系和变动的规律性,并优化系统。贝塔兰菲强调,任何系统都是一个有机的整体,它不是各个部分的机械组合或简单相加,系统的整体功能是各要素在孤立状态下所不具备的。

1.1.1.3　系统的基本属性

1) 边界性

边界的划分是把握和认识事物过程中研究和分析对象的一种方法。任何作为可以独立研究的实体的系统,必须有空间或动态的边界[4]。当一些共同标志某方面关系特性的对象之间的信息流动量远远大于其他信息的流动量时,就形成了系统的边界。系统之所以能够作为一个独立的系统存在,也是基于系统边界性这一基本属性的基础上。没有边界,便无从描述个体,正是边界性的存在,界定了事物存在的特定空间和时间边界。从边界性概念出发构成了系统科学的分析方法及其一系列概念:系统与环境、子系统与超系统、等级层次等。边界的内部是由多种要素构成的各部分,边界的外部是多种条件构成的环境。构成系统的部分又称为"子系统",环境与系统之间相互联系称为"超系统"。

2) 相关性

系统相关性是系统内各要素之间相互联系和相互依赖的特定关系。相关性将一系列存在差异的事物联系起来,形成系统的结构,也是系统能称之为系统的重要原因。对系统整体性的研究,应首先认识各组成部分和它们之间的结构关系。

3) 动态性

动态性指系统的结构、功能、状态等随时间变化而产生的变化,是系统整体性的现实运动变化方面[5]。从系统的动态性概念出发,形成了系统的开放性特征。只有开放,系统才可能自发组织起来,处于发展演化中和与环境的相互联系和相互作用之中。只有开放,系统的结构功能才能得以体现。系统的功能总是在与他系统的作用中才得以体现[5]。系统的演化有两个方向,一种是由低级到高级的进化,一种是由高级到低级的退化。

1.1.2 城市绿地景观风貌

1.1.2.1 城市风貌

不同行业和不同经历的学者和风貌工作参与者,对城市风貌的理解也不同。如池泽宽认为城市风貌是对一个城市特色的高度概括,反映了一个城市的特有风采和面貌,代表着城市的形象,彰显着城市的性格,表现着城市经济的繁荣,是一个城市外露形象和内在气质的完美融合[6]。李德华教授认为,城市风貌规划的侧重点在于对城市内在精神文化资源和城市物质空间的整合,它偏重于美学和心灵感受层面,与城市规划相比,对国家政策、方针和制度较少涉及[7]。俞孔坚等认为"城市之风"是风貌的内涵,集中概括了城市人文层次上的非物质特征,表现于城市风俗、传统活动、本土传说、戏曲歌唱等方面;"城市之貌"是风貌的外显,综合反映了城市物质层次上的环境特征,是城市系统各构成要素形态和空间的总和,是"风"的载体[8]。余柏椿认为城市风貌是城市中物化了的景象及潜在的风采的综合表现,即城市风采和面貌的综合表征,与城市格调、城市风情之涵义相同,都通过社会中活动的人的风貌及各景观要素来表达[9]。

各种对于城市风貌的理解,都不同程度地强调了城市的自然环境、人文环境的影响。我们所观察的一个城市的社会、经济、文化等各方面的外在特征,一定程度上也就代表着这个城市的风貌。笔者认为:城市风貌是以空间为平台,通过自然和人文景观体现出来的城市传统文化、精神特征和城市生活的景观环境特征。城市风貌的研究内容包括城市文化、传统习俗以及城市的内在精神即城市之风以及城市物质空间环境即城市之貌,同时也是通过这些非物质环境风貌和物质环境风貌共同来体现的。在一些历史悠久的城市,城市中的历史文化风貌区就是城市风貌最主要的部分,其影响深入城市的各个角落,如处处都有古城影子的平遥、弥漫着深厚历史气息的山海关。

1.1.2.2 城市景观、城市特色与城市风貌

英国规划师戈登·卡伦(Gordon Cullen)认为:城市景观将城市中的实体事物、历史事件与城市空间合理地组织在一起,是一种艺术。城市景观是一门"相互关系的艺术","一座建筑是建筑,两座建筑则是城市景观"[10]。城市景观是城市形体环境和城市生活共同组成的各种物质形态的视觉形式,是通过观察者的感觉和认知后获得的形象。城市景观作为环境设施,有其社会属性和文化属性,服务于公众社会,传承城市文化,同时具备观赏功能和使用功能。城市形体环境的多样性决定了城市景观构成上的复杂性、空间上的流动性、时间上的变化性等。它代表着一个城市

的形象,反映着一个城市的容貌特征。

城市特色指一座城市在内容和形式上明显区别于其他城市的个性特征[11],是城市区别于其他城市和区域的形态特征,是城市最具有象征性的存在或最具有代表性的景观。城市特色的构成可谓异彩纷呈,由城市的"物质形态"和"非物质形态"特质体现出来,"物质形态"特质主要体现在建筑形式、空间形态、自然环境、基础设施等方面,而"非物质形态"特质则主要体现在社会环境、文化环境、经济环境、文化制度等方面[12]。城市特色的形成有多种原因,有本土文化的积累,也有人为的主观动因。如西藏的城市特色形成于西藏高原复杂多样的地形地貌、独特的高原气候与强烈的民族风格下,而美国拉斯维加斯的城市特色则是形成于人为城市的建造过程中[13]。

表1-1为城市景观、城市特色和城市风貌的概念辨析。

表1-1　城市景观、城市特色和城市风貌概念辨析

主体	城市景观	城市特色	城市风貌
概念	城市形体环境和城市生活共同组成的各种物质形态的视觉形式,是通过观察者的感觉和认知后获得的形象	一座城市在内容和形式上明显区别于其他城市的个性特征	以空间为平台,通过自然和人文景观体现出来的城市传统文化、精神特征和城市生活的景观环境特征
研究内容	城市形体环境和城市生活包括城市的各项功能设施物象给人的一种视觉感受	城市产业定位、城市文化定位、城市物质空间营造及要素特色塑造	城市之风(城市文化、传统习俗和城市的内在精神)以及城市之貌(城市物质空间环境)
研究目的	延续城市文脉,突出城市特征,树立城市品牌		
侧重层面	对具体城市景物的审美知觉	城市整体空间格局营造	城市空间要素设计对抽象的城市文化精神层面的感受体验
相互关系	三者有交叉,但各自有所侧重		
评价标准	是否美观	有无特色	是否合适

城市景观和城市风貌的相同之处在于两者都是人对城市的审美感受,但城市景观侧重体现的是对具体城市景物的审美知觉,是可以被感知的显性形态要素;而城市风貌更注重人们对城市的文化、传统习俗与内在精神的主观感受体验,是抽象的,需借助于载体传达。

城市特色和城市风貌的相同之处在于两者对城市物质空间的营造方面都有涉及,都是人对城市印象的反映与总结。但两者又有不同:城市风貌的研究范围相对较小,更侧重城市的文化传统与内在品质;城市特色的研究范围不仅包含城市的自然要素与人文历史,还包括城市的经济特征、空间特征、发展定位等各个方面,侧重城市的外在可视特征。另外拥有良好城市风貌的城市是有特色的,但是有特色的城市不一定具有良好的城市风貌景观[14]。

1.1.2.3　城市绿地景观

绿地是城市中具有自然属性的生态有机空间,被称为"城市之肺"。城市绿地指以自然和人工植被为地表主要存在形态的城市用地[15],《城市规划基本术语标准》(GB/T 50280—1998)对城市绿地的定义是"城市中专门用以改善生态、保护环境、为居民提供游憩场地和美化景观的绿化用地"。在《城市用地分类与规划建设用地标准》(GB 50137—2011)中,广义上讲,建设用地中城市建设用地范围内的绿地类(G)以及非建设用地中水域、农林用地等对美化城市生态环境、为居民提供休闲交流空间的区域都属于城市绿地;狭义上讲,仅包括城市建设用地范围内的绿地,分为公园绿地、防护绿地和广场用地。与《城市绿地分类标准》(CJJ/T 85—2017)中的城市绿地不同,城市绿地景观中的绿地不包括区域绿地、附属绿地(表1-2)。本书研究的城市绿地即指狭义的绿地。

表1-2　城市绿地范围辨析

标准	城市用地分类与规划建设用地标准 (GB 50137—2011)	城市绿地分类标准 (CJJ/T 85—2017)
绿地定义	公园绿地、防护绿地等开放空间用地,不包括住区、单位内部配建的绿地(城市建设范围内)	城市地域范围内所有可生长植物的用地,包括林地、草地、农田等
绿地分类	公园绿地、防护绿地、广场用地	公园绿地、防护绿地、广场用地、附属绿地、区域绿地
使用范围	常用于城市规划中	常用于城市绿地系统规划中

城市绿地景观在范围上指城市绿地,包括公园绿地、防护绿地、广场绿地等相互联系形成的城市绿地景观系统;在形态上指以绿色植被为主要存在形式的开放空间;在审美与体验上,指城市绿地给人以视觉为主的各种感官印象[16]。城市绿地景观在城市整体景观中发挥着重要的作用:极大地改善了城市生态环境,促进城市可持续发展;提供城市动植物生境,维持城市生物多样性;营造优美环境,改善城市形象;提供文化保育、游憩休养、健身、教育等场地。

1.1.2.4　城市绿地景观风貌

城市的面貌是一个城市的生命和区别其他城市的特有个性。城市绿地景观风貌是城市风貌的重要组成部分,构成了整个城市环境的基底。城市绿地景观风貌顾名思义,就是城市绿地景观所展现出来的城市风采和面貌;是指城市在不同时期的历史文化、自然特征和城市市民生活的长期影响下,形成的整个城市的绿地环境特征和空间组织;同时也是以人的视角,观察和体验城市绿地空间和环境,以及构成城市绿地景观的建筑、公共设施等多种视觉要素后给人留下的感官印象,它是具体的,与人的活动和体验密不可分。

城市绿地景观风貌是绿地景观作为视觉景象、作为系统和作为文化符号的综合体现。城市绿地景观风貌的营建,不仅给予了城市中的居民以及外地游人一个休闲娱乐的空间,也对传达城市文化、强化城市特色景观、塑造城市自身风貌品质、完善城市功能布局起到了潜移默化的作用。

城市绿地景观风貌研究的对象主要是城市文化、传统习俗以及城市的内在精神所影响下的城市绿地景观,评价的目标是视觉等感官印象带给人的主观感受和所引发的心理感受的优劣。感官印象既取决于客观上构成城市绿地的要素组合,如植物、广场、小品等,同时在主观上又受到城市居民的影响。这些要素共同作用于城市,同时作用于城市的绿地景观,形成不同的城市绿地景观风貌。但对于不同的城市,其城市绿地景观风貌在特定的环境条件下是以某个或某几个因子作为主导因子的。因此,只有在充分解读城市的风貌要素的基础上,突出展现主导因子,才能创造出个性鲜明的给人留下深刻印象的城市绿地景观风貌。

1.1.2.5　城市绿地景观风貌与城市绿地系统

城市绿地系统是指城市建成区或规划区范围内,以各种类型、各种性质和规模的绿地共同组合构建而成的绿色环境体系,其中绿地包括公园绿地、防护绿地、附属绿地、广场用地、区域绿地五类。城市绿地系统规划指对城市各种绿地进行定性、定位、定量的统筹安排,形成具有合理结构的绿色空间系统,共同改善城市生态环境,保护生物多样性,为居民提供游憩境域等[17]。

城市绿地系统与城市绿地景观风貌相比,相同之处是都以城市中的各种绿地为基本的构成要素,都是为了改善城市的人居环境;不同之处有以下几个方面:在研究对象方面,城市绿地系统的研究对象为城市5种基本绿地,而城市绿地景观风貌的研究对象却不包括社区公园、附属绿地以及其他绿地;在规划过程中,城市绿地系统的研究强调绿地格局的合理性和网络性,而城市绿地景观风貌则同时强调人的主观因素,是通过人对城市绿地网络的感知获得的视觉形象,强调绿地的舒适度、文化性;在构成要素方面,城市绿地景观风貌更强调人文要素在城市绿地中的表达。一个城市的绿地系统规划得好,它的城市绿地景观风貌却不一定好或者说有特色。一个好的城市绿地景观风貌规划是在合理的城市绿地系统规划基础上进行的,反过来也能促进城市绿地系统的规划更加合理。

1.2 国外城市绿地景观风貌相关研究综述

1.2.1 理论方面

在理论方面,针对城市绿地景观风貌方面的研究较少,本书主要借鉴城市风貌和城市绿地系统规划这两个层面的理论研究。

1) 城市风貌方面

城市景观风貌的建设其实最早源于对历史文化名城的保护和规划。历史文化名城保护是对城市风貌区有历史价值的文化遗产进行保护和合理利用,使这些遗产在城市风貌中能够得到合理的保护和利用,并成为城市景观风貌的亮点。

国外研究城市风貌较早,一直将城市风貌的保护与塑造看作是城市设计的重要工作。奈杰尔·泰勒(Nigel Taylor)提出城市风貌设计要素包括城市自身与城市环境、城市空间场所、城市空间中各样地物、公众行为、使用者感知五项,与城市设计要素一致,实际上,城市设计即为了营建更好的城市风貌。另外,城市风貌设计能够提升社会凝聚力,增强市民归属感与情感寄托。

18 世纪在对城市景观风貌的研究中出现了以"理想景观"(Ideal Landscape)为目的的规划,人们开始对城市的整体环境和视觉效果进行关注和改善[18]。随着城市中工业化进程的推进,人们愈发感受到城市文化以及空间审美的重要性。19 世纪末 20 世纪初,欧美许多城市提出了"城市美化运动"(City Beautiful Movement),强调城市空间秩序的建立,大量运用规则、几何的艺术处理手法,追求美学效果的呈现,但由于过分追求视觉效果,很少从使用者的角度出发,投入虽大,却没能从根本上解决城市景观风貌中出现的各种问题。而第二次世界大战后,城市景观风貌规划开始提出"人—社会—环境"的评价标准,强调城市空间的建设改造不仅要考虑社会与环境要素,更需要融入人的需求和特点,强调可持续景观的建立[19]。

凯文·林奇(Kevin Lynch)在《城市意象》(*The Image of City*)中强调,城市意象是个别印象经过叠加而形成的公众意象,提出了构成城市意向的五个元素(路径、边界、区域、节点、标志物)。该理论的核心在于承认和强调城市特色的重要性及必要性,同时提出了构成城市意向的各种要素的关联性,认为城市应该是一个可以感知、可以识别的物质和文化的载体[20]。城市意象理论通过对这些城市元素的挖掘和整理,来强化城市空间,提升城市风貌。

新城市主义(New Urbanism)探求的是一种在现状条件下实现社区价值的保持与挖掘，是一种现代与传统的结合，即保持原有较为传统的邻里关系、传统的社区环境的同时，去追寻一种对现代化的最大化利用。新城市主义理论对于城市要素关联的解读，将现代元素与历史风貌有机结合，为城市景观风貌规划提供了一种思想和目标。

城市发展平衡论是指城市的发展是由原来的不平衡到平衡，再由平衡到不平衡的一个过程，它是从一种宏观、长期的角度来衡量城市发展与城市规划。城市平衡理论为城市景观风貌研究提供了这样一种思想：风貌不是一个不变的概念，它是在不断发展和不断变革着的[21]。

2) 城市绿地系统方面

环城绿带规划思想作为规划师头脑中理想城市形态的一种抽象表达，是控制城市无序蔓延的一种有效形式。但在城市化进程中，又对环城绿带提出了新的要求，既要满足控制城市无序扩张、保护生态环境健康的要求，又要为城市经济的持续发展和人口规模的持续扩大提供适宜的发展空间。这就为城市绿地景观风貌研究提出了须满足城市可持续发展的要求[17]。

城市开敞空间规划是运用生态廊道将城市开敞空间联系起来成为一个开敞空间体系的规划，它注重各类开敞空间之间的联系与沟通。从技术层面上讲，并非所有的开敞空间都是绿地，但从系统的角度出发，将开敞空间纳入绿地系统规划的范畴更加有利于绿地系统结构和功能的改善和强化。城市开敞空间规划给城市绿地景观风貌研究提供了一种综合、系统考虑的思路。

绿道是城市绿地的一种重要的表现形态，它兼顾保护和利用，将各类城市绿地连成一体，具有巨大的生态效益和提供游憩活动功能的潜力，既能连接自然要素，又能融合各种生活方式。在进行城市绿地景观风貌的系统研究中，绿道也是不可忽略的重要组成部分。

绿色基础设施规划将城市绿地系统视为与道路、管线等城市其他基础设施同等重要的部分，强调规划过程前置，自然系统连续，以实现人类对自然的保护。它代表了一种战略性的保护途径，将以前各种保护方法和实践整合成一个系统的框架，为未来的土地保护与开发描绘了一幅系统的、整合的蓝图，无论是理论上还是方法上都值得城市绿地景观风貌研究借鉴。

1.2.2 制度方面

在制度方面，法国1840年成立历史建筑管理局；1880年有关建筑檐口线和建筑外轮廓线(1903年后称为gabarit)的控制管理在巴黎开始实施,实质上也承担了城市景观整治的职责[22];1913 年制定《文化财产保护法》,规定文化财产周边 500 m 范围内任何改变均须得到政府的批准;1930 年制定《景观保护法》,其后形成《马尔鲁法》,其中保护区是由建设部长和文化部长根据国家保护区委员会以及有关市镇的推荐意见进行统一并共同制定的[23]。

在德国柏林城市建设中以树木为第一考虑要素,法律规定直径大于 19 cm 的树木,无特殊理由不得砍伐,规划区内硬质地面不得超过 50%。

1882 年,英国正式推出《古代历史文物保护法令》,1967 年通过的《城市文明法令》中明确提出保护区的概念,1971 年"保护区"被纳入《城乡规划法》中,其中风景控制中较为重要的有开发控制的一般性管理、战略性眺望景观保护、保护区制度、登录建筑保护制度以及广告控制管理制度等五项。

美国的城市景观策略中,历史环境保护为其重要支柱,始于 1906 年制定的《古物法》(*The Antiquities Act*)和 1935 年制定的《史迹法》(*The Historic Sites-Act*)。比较有影响的民间保护组织如建筑历史学家社团、美国州与地方历史协会和历史文化保护国家信托组织,都在这一时期相继建立。1966 年颁布《国家历史保护法》(*The National Historic Preservation Act*),建立各级组织机构,全面展开历史环境保护运动。美国城市风貌管治最重要的目标物是为国家独立而牺牲的英雄的有关的史迹、战场以及名人故居等;鼓励私人和私营机构参与保护,对产权人和投资者的利益十分重视;保护基层社区和鼓励居民积极参与;重视使用者的需求,步行系统优先,强化社区的特征和可识别性等;重视城市审美层次的控制。

在亚洲,日本城市风貌保护最初的出发点是古社寺的保存。日本于 1897 年制定了《古社寺保存法》;1919 年制定了《史迹、名胜、天然纪念物保存法》;1950 年公布了《文化财保护法》;1975 年对《文化财保护法》进行了修订,主要是传统建造物群制度和土地指定制度的增设[24];2004 年颁布的《景观法》,要求分别对规划区域内地区、重要建筑物、景观树、重要景观公共设施等进行不同深度的规划,详细制定条例规定,严格限制建筑物高度、色彩、形态、面积、墙面位置等数据,从而形成良好的风貌体系[25]。

1.2.3　实践方面

1) 英国实施控制的城市景观

英国许多历史文化城市都保存着完好的历史风貌,呈现出一种悠久的文化积淀、强烈的民族气质和丰富多彩的地方色彩。他们把历史城市风貌的保存,看作是发扬民族传统、尊重历史文化、维护国家和民族团结、增强社会民众凝聚力的重要途径,并逐步建立了一套城市规划和城市管理的规章制度。英国城市规划的中心在于根据许可制度对所有开发行为进行个案管理,实现开发规划所确定的城市规划目标,从景观控制的实施层面看,已与城市规划融为一体,成为其组成部分,几乎所有管理均在开发控制的审查过程中,通过协商、强化等操作程序进行。

自 20 世纪末,英国城市规划的动向是以物质形态规划为中心,以高度关切环境问题为背景,来强化城市设计。在城市景观规划与控制保护方面,英国主要通过开发控制的一般性管理、战略性眺望景观保护、保护区制度、登录建筑保护制度、广告控制管理 5 项措施来实现城市风景控制。可以看到在经过了主观意义上感性的城市视觉景观塑造(即城市物质形象塑造)的阶段后,最终回到了理性地认识城市景观的途径上来,反映在对历史文化景观资源的重视,对自然风景景观资源的重视,以及对城市景观规划的技术路线的研究上。以保护历史环境为目的的措施主要有3 种:指定纪念物、登录建筑和保护区。通过强化对历史建筑及历史文化街区的特征及外观的保护,来实现对历史环境的保护。

英国城市风貌得到很好的保护,有赖于其详细的立法,对纪念物、登录建筑和保护区都有详细的规定,并不断完善;有赖于社会组织持续不断地参与古建筑保护的工作,其有益于实践活动的展开;有赖于保护与再利用的结合,如布列肯大楼的成功开发。

2) 意大利城市风景规划

在意大利,制定风景保护规划是法律规定的义务,这里的风景包括所有可视物和看不见的地下设施、动植物生态等综合环境整体。即使是私有土地,对其进行的绿化和耕作等也是由城市规划部门决定的。风景保护规划源于 1985 年颁布的《加拉索法》(*Legge Galasso*),该法提出了"不制定风景规划就不应该进行开发"的观点,强调各大区所在的地区均需编制风景规划,并将其作为广泛且一般的规划技术看待。法律的明确定义使得风景规划在意大利各区得以扎实推进,风景的公共性得以明确,环境保护有了从"点"到"面"、进而到"区域"的飞跃,而将风景规划的制定权委托给主管城市开发的行政部门,也使得具体开发中的调整过程能够顺利进行,从城市结构功能化的表现时代向融入风景的综合性表现时代努力。

都灵市在意大利统一后的最初数年曾作为首都,市中心汇集了大量17—20 世纪巴洛克风格的城市设计作品。1990 年根据建筑师维特里奥·格雷戈蒂(Vitrovio Gregotti)的规划方案,制定了新的城市景观规划,也是最早把城市色彩列入城市规划中的城市。都灵市首先在市中心划出"历史中心区""历史环境区""居住混合固定区""城市改造区""包括现有建筑的私人绿地区"等分区,然后将各区以街坊单元进行细分,明确历史性空间和公共空间,专门编制了"再开发方式类型"1:1 000 的规划图,再开发方式有部分修补的日常维护和特别维护以及整体改建的保护、修复、改造。正是都灵详细的规划使得历史中心区完整地保持着 19 世纪的新古典主义景观。

3)奥地利城市风景景观规划

奥地利通过地区详细规划和风景景观规划创造了城市风景。奥地利主要通过城市风景保护体系、地区详细规划协调景观、绿带建设和风景规划体系的构建,以形成"城市美"的规划体系。以维也纳为代表的奥地利城市独特的景观,城市的历史性景观与周边的自然风景形成了鲜明的对比。首先,有关城市历史性景观的保护,将各种讨论的结果纳入地区详细规划中,主要是谨慎对待"城市固有景观"(包括城市历史性街区、历史性建筑物等)的保护问题;其次,有关自然环绕的城市风景的保护,在创建"绿色城市"的思想指导下,绿带逐步建立了战略性体系结构;最后,从战略角度考虑收购应保护的农地,将其作为工业防护区的"楔形绿地"的一部分,或是形成与绿带相邻的良好住宅区[26]。

4)日本《都市景观形成的基本计划》

日本自开展历史文化保护以来,颁布了一系列法律,对于境内的历史文物更是综合考虑其环境的整体性而确定保护范围。鼓励连接居民与政府的组织的设立,成立历史风貌审议会,审查保护区域划定以及保护规范编制等全过程;每个城市在对其自身资源进行了详细调研的基础上,都制订了《都市景观形成的基本计划》,对现存景观资源进行规定保护和分类,包括眺望型景观和环境型景观等,其中环境型景观根据性质不同又可分为公园绿地、道路绿地、河川、海港及山峦、住宅区、商业区、工业区等。针对各类不同景观区域,制定有详细的景观规划管理条例。尼崎市景观规划还特别提出了"水景观""绿景观""设施景观""节点景观"等主题,并有一定的"演出计划"与"诱导计划"。在城市景观的设计与施工中注重地域文化与现代文明的结合,强调人与自然共生的思想。日本城市景观风貌主要特点在于发掘地方特色资源,保护与利用相结合,保护的同时提升老建筑的设施环境,改善居民的生活环境。近年来又发起了城市活力再生点建设、城市综合景观面貌改良、创造具有人文色彩的美丽家园等活动,吸引市民停留定居的同时也延续了城市历史。

综上所述,国外很多国家如英国、意大利、奥地利、日本等都将城市景观风貌的研究作为一项景观工程在实施,以营造工程的目光及方式在进行城市景观风貌的塑造。其间,既贯彻了重视历史性景观的传统理念,也融入了最现代的生态景观理念,因此,注重历史性人文景观与自然景观的结合是现代欧洲国家、美国及日本的城市景观风貌营造的基本思想。

1.3　国内城市绿地景观风貌相关研究综述

1.3.1　理论方面

我国对城市景观风貌的研究起步较晚,主要是受到历史文化名城保护的启示而发展起来的,在《规划法》中有所涉及。目前除了青岛市颁布了《青岛市城市风貌保护管理办法》之外,其他城市还没有具体的针对城市风貌保护方面的办法和措施。国内对于城市风貌的理论研究主要集中在以下几点:

(1) 基于城市形态学理论的城市景观风貌研究　城市形态学中关于城市风貌区和城市风貌管理的理论在欧洲国家已经被逐渐应用于城市历史和风貌保护区的规划和管理实践中。我国学者也开始对城市形态学理论在城市风貌规划中的运用进行研究,张剑涛在《城市形态学理论在历史风貌保护区规划中的应用》一文中指出了城市风貌规划是进行城市风貌区的划分和管理。对城市风貌的分区是城市风貌的重要环节,通过对相似区域进行风貌分区,这样能够对其进行更好的整治和管理,以形成完整的风貌系统[27]。

(2) 基于生态基础设施的景观风貌研究　以景观生态学基本理论为支撑,以北京大学俞孔坚教授为代表,主要研究城市景观风貌空间结构、布局、特征形象、规划、生态建设等内容。俞孔坚教授提出城市景观风貌研究中应强调城市的地方特色和文化特色,首先在调研的基础上分析其是否具有城市代表性,反映城市特色;其次分析其是否能够改善城市环境,减少环境的负载;最后有选择地加以利用。这种方法在山东省威海市城市景观风貌的实践研究中得到了很好的运用。在威海市城市景观风貌实践研究中,提出城市风貌规划与生态基础设施规划结合的三大步骤为:景观格局与过程分析及评价、基于生态基础设施的城市风貌规划和城市风貌控制性规划[8]。

(3) 基于景观规划设计原理的城市风貌规划研究　内容包括确定景观核心,规划景观轴线,控制景观视廊,组织景观序列,规划高度系统,调整天际线景观以及对建筑物的风格、形式和色彩提出要求等。如李晖等在《基于景观设计原理的城市风貌规划——以〈景洪市澜沧江沿江风貌规划〉为例》中肯定了澜沧江一线风貌的重要地位,然后分别从以上层面对景洪市澜沧江沿江城市风貌进行规划,并提出改善其风貌的一系列措施、方法[28]。

（4）基于文化地理学的城市景观风貌研究　将文化地理学的理论与城市景观风貌研究相结合，从要素入手，提出城市景观风貌三要素：区域景观、自然景观和人文景观，并在分析、评价的基础上提出构建特色城是塑造景观风貌的方法。如昆明理工大学范颖在《基于文化地理学视角的楚雄城市特色景观风貌研究》中对此做出了详细的论述[29]。

（5）基于城市格局与肌理的城市景观风貌研究　以西南交通大学戴宇在《基于城市格局与肌理的城市风貌改造——以都江堰市等为例》中所做研究为例，该研究从城市的格局与肌理分析入手，运用城市设计、建筑设计的相关理论，分别从城市格局和城市肌理两个方面对城市风貌提出改造建议。城市格局包括宏观层面和中观层面，城市肌理则主要为城市建筑的风格、形式、色彩以及绿地系统，作用运用该研究理论对都江堰市、上里古镇、雅安市等城市风貌进行实践研究，并提出改造建议[30]。

（6）基于系统理论的城市风貌规划研究　系统论是对系统科学、一般系统论进行的哲学概括，是系统科学与辩证唯物主义联系的桥梁，也可以称作系统科学哲学。系统论可以说是一种方法论，辩证系统观就是以辩证的、系统的观点看世界。系统有 8 个基本特性，即整体性、层次性、开放性、目的性、稳定性、突变性、自组织性、相似性，是对系统一般性的概括，每种特性都构成系统论的基本原理之一。系统的发展遵循 5 个基本规律，即结构功能相关律、信息反馈律、竞争协同律、涨落有序律和优化演化律，从更高层次上对系统一般性理论进行提炼，形成系统论指导系统研究分析的基本方法规律。

根据系统论基本原理，在系统的结构中，总有那么一些要素的排列组合具有一定的优越性，在系统中所处的地位和所起的作用具有决定性的意义，在系统中占据主导地位，起着关键性的作用。对于城市绿地景观风貌来讲，首先它是一个系统，其次又是城市景观风貌系统的一个子系统，且处于动态平衡中。在城市绿地景观风貌研究中，城市绿地景观风貌由显性的形态要素（包括自然要素、人工要素和复合要素）和隐性的形态要素组成。通过系统分析方法（整体和部分、分析和综合相结合），研究系统要素的结构和功能，找出影响景观风貌的关键因子来提高城市景观风貌的整体结构和功能，对城市绿地景观风貌的研究有着重要的意义。

目前对系统论的应用研究主要集中在城市规划和景观风貌层面，绿地景观较少。城市规划方面，沈克在《系统论思想与城市建设》中以城市建设为系统，介绍了用系统思想指导城市建设应树立的几个观点，包括把握整体的综合观点、注意关联的环境观点、优化处理的最佳观点和组织管理的系统化观点[31]。奚江琳等在《城市生态规划中的系统思维》中提出在生态规划中应用系统思维研究城市生态系统的功能和行为，揭示系统内部各要素间以及系统与外部环境的多种多样的联系、关系、结构与功能，反映城市生态规划要素之间的联系和相互作用，有助于规划中复杂问题的解决[32]。王磊等在《基于系统论的城市规划研究》中通过对系统理论的基本概念、系统科学和系统工程的介绍，结合城市的系统性，对城市系统工程和城市系统规划做了简单的分析[33]。

景观风貌层面，张继刚在《城市景观风貌的研究对象、体系结构与方法浅谈——兼谈城市风貌特色》一文中以系统的思维方式对城市景观风貌包含的显质形态风貌要素和潜质形态风貌要素以及城市风貌系统结构呈现出的空间生态结构和时间文态结构双重属性做了详细的研究[34]。侯正华在《城市特色危机与城市建筑风貌的自组织机制——一个基于市场化建设体制的研究》一文中借鉴现代系统科学和复杂系统自组织理论，指出了城市趋同现象的本质是全球系统内以结构熵增换取信息熵减的过程，从摆脱"熵增困境"的角度出发，猜想城市系统中可能存在对抗这一熵增过程的自组织机制，并提出了自组织机制发挥作用的可能性[35]。柏森在《基于系统论的城市绿地生态网络规划研究——以常山县为例》中采用系统的整体性、层次性、最优化性基本原理，从生态学的角度对城市绿地生态网络的结构和功能进行了研究[36]。

1.3.2 实践方面

城市景观风貌规划并没有正式列入我国城市规划编制体系，但随着城市风貌不断被重视，国内各级各类城市纷纷开始开展城市风貌规划的实践工作。目前，国内开展的此项规划主要有以下几种方式：列入总体规划的地方法规、独立的规划项目、作为研究的学术论文。

上海经纬城市规划设计研究院在对山东临沭城市风貌规划中，以城市的自然地理条件和城市现状功能格局为基础，将规划范围内用地分为7个风貌区：会展休闲度假风貌区、行政风貌区、大型活动中心风貌区、滨河风貌区、旧城风貌区、工业风貌区、城南风貌区，各区功能特征明显，同时空间上又相互联系，并对色彩、高度控制、空间组合、植被和街道家具5个主要风貌控制要素进行了详细控制[37]。

山东省沂源县城市风貌规划分别从城市总体、城市风貌分区及重点建设地块3个方面进行了研究。城市总体风貌引导包含目标定位、城市生态环境引导、建筑引导、城市街道设施引导、城市色彩材质引导5个方面。其中定位目标为"生态新城，山水名城"；城市风貌分区分为城市中心景区、山水人居景区、现代工业景区、生态工业景区，并做了具体控制引导；重点建设地块引导主要通过重点建筑的引导达到地段控制的目的[38]。

实践方面的研究还有近年来厦门的城市意象塑造研究、都江堰市城市风貌改造[30]、南平市城市风貌特色构建研究[39]、河北承德山水景观风貌特色研究[19]、襄樊市城市景观风貌规划[40]、桂林市城市景观风貌[41]等等。此外,研究者们也纷纷开始注意到运用各种学科的综合知识,从区域的角度去认识城市、分析城市属性,从而进行城市景观风貌特色的界定。

南昌市城市风貌规划定位于"历史悠久的滨江花园式城市",将城市各种现状资源有机叠加后,提出了"彩色南昌"的概念。规划以城市总体规划为基础,整合、完善城市水系,建设城市滨水生态廊道,保持"一轴""一环""一链""八区"设计概念,调整"多廊"的绿地子系统,建成以普通绿化为基础、道路绿化为骨架、公园和公共绿地为重点的点、线、面有机结合的绿化系统网络。

哈尔滨市城市风貌特色规划通过对城市的现状自然、历史、文化等资源进行叠加,将城市风貌特征定义为:北国江城,柳堤荫深;规划格局,近代形成;建筑形象,欧域遗风;冰雪文化,举世著称。利用以往规划建设已形成的格局确定了基本骨架,形成了以松花江水域和马家沟为主体的滨江(河)绿带体系,以太阳岛为主体的休闲、旅游、观光、度假风景区,以经纬街—红军街—中山路、大直街—学府路为主体的景观主轴线体系[42]。

柳州市城市景观风貌规划综合考虑城市现状因子,以社会、经济因素为核心,自然和历史文化元素为辅,将柳州市城市总体形象定位为:围绕工业强市、历史文化名城和山水景观城市的大主题,共同构建历史文化悠久、自然山水优雅、现代景观丰富的新柳州城市形象。这一形象,可以说是"山水壶城""历史'龙'城""现代新城"的概括。

从上面几个规划案例我们可以看出,当今城市景观风貌规划方法存在着共同的弊病:规划方法上仍采用以往的城市规划办法对城市总体规划予以补充,虽然规划内容充足,形象突出,但是对于风貌资源的收集、整理还不能突破以往的技术路线,不能将风貌信息综合化,不方便管理和规划利用;而对于规划结果,规划单位侧重于结构和空间关系,建筑单位侧重于建筑形态及其控制,艺术美术单位侧重于美学和色彩,园林单位侧重于各类植物的搭配运用,规划重点、表现形式等都不尽相同,没能形成一个系统。对城市绿地景观风貌的影响因子和构成要素的研究更少,如何以城市绿地景观风貌带动城市整体景观风貌的营造就显得更为迫切和重要。

2 城市绿地景观风貌的系统认知

2.1 城市绿地景观风貌系统引入

系统论是一门研究系统要素、结构和功能的学科，是系统科学通向马克思主义哲学的桥梁，为人们提供了一种以整体性、综合性、层次性的原则来解决多因素、动态多变的、组织复杂的问题的思维方式，具有较强的适应性和指导性。如今系统论已经成功运用到了人居环境科学、项目管理研究、教育体系构建、腐败治理研究、农业推广研究等多种问题中，涉及信息论、运筹学、系统工程、电子计算机和现代通信技术等多个学科，并取得了一定成效。

在对系统的一系列研究中，人们逐渐认识到城市本身就是一个复杂的系统，由无数子系统构成，时刻处于动态的发展变化之中。作为城市巨系统构成的一个子系统，城市风貌符合作为系统的构成特征，与其他子系统一起共同完成城市母系统的综合功能[43]。

将系统理论引入城市风貌研究中，源于张继刚、蔡晓丰两位学者的研究。蔡晓丰借助当代系统理论的研究成果与方法，分析了城市风貌系统的基本概念、功能和结构特征[44]。张继刚在研究城市风貌时运用系统学观点对其空间生态结构和文态时间结构进行分析，认为城市景观风貌的空间生态结构核和城市景观风貌的时间文态核共同组成了城市景观的风貌基因[34]。马玉芸在此研究基础上丰富了城市风貌结构，建立了城市风貌的评价和控制方法体系[45]。

城市风貌系统由城市山水环境、城市建筑风貌、城市绿地景观风貌、城市道路景观风貌、城市色彩、城市家具风貌、城市活动等子系统构成。城市绿地景观风貌是城市景观风貌系统的组成子系统之一，同样具有城市风貌系统的动态有机性和作为系统的所有构成特征。城市绿地景观风貌是城市风貌形成的基底，和其他系统一起共同形成城市风貌的综合功能。城市绿地景观风貌系统所担负的独特功能在于通过城市绿地景观之"貌"——物质形态要素的塑造，城市绿地景观之"风"——非物质文化形态要素的融入，提供美的城市绿地景观和城市面貌，从而体现一个城市的文化风格和水准，进而展现一个城市总体的精神取向和风貌意象。

因此，从系统论的视角研究城市绿地景观风貌，将系统论的相关原理引入城市绿地景观风貌研究中并探寻其研究方法，能够较大程度地丰富绿地景观风貌建设的理论依据，为城市绿地景观风貌研究提供新的视角。

2.2 城市绿地景观风貌系统构成要素分析

相互联系的要素构成了系统，系统是各要素的有机结合。系统的性质以要素的性质为基础，系统的规律也必定通过要素之间的关系体现出来。存在于整体中的要素，都必定具有构成整体的相互关联的内在根据，所以要素只有在整体中才能体现其要素的意义，一旦失去构成整体的根据它就不成为这个系统的要素。研究系统需要从构成系统的各要素着手，这也体现了系统的有机关联性。

城市绿地景观风貌系统由城市绿地景观之"风"和城市绿地景观之"貌"组成，城市绿地景观之"风"指城市绿地景观的风格、精神等，城市绿地景观之"貌"指城市绿地景观的面貌、外观形态。因此，城市绿地景观风貌系统包括表层的显质形态要素和深层的潜质形态要素。显质形态要素包括自然景观要素和人工景观要素两部分，潜质形态要素主要指人文景观要素。

2.2.1 显质形态要素

1）自然景观要素

自然景观要素是形成城市绿地景观风貌的基础要素，包括城市的气象气候、地形地貌、土壤性质、植被、水资源等，构成了城市的地理气候整体环境，决定了城市的发展方向。自然景观要素给人们提供了通过利用和改造独特的自然景观形成有自己独特味道的城市绿地景观风貌的先天条件，自然景观要素的合理利用对于形成良好的城市绿地景观风貌具有积极的作用。不同城市的绿地景观风貌营建，首先必须在尊重和保护自然景观要素的基础上对城市的不同自然景观要素进行调查研究。

2）人工景观要素

在城市风貌范畴内，人工景观要素是指在自然环境的基础上一切人为建造活动的成果，包括城市新旧建筑、建筑群形成的城市轮廓线、公共空间、环境艺术品等，是形成城市风貌能动的要素。在城市绿地景观风貌范畴中，人工景观要素指自然环境基础上的城市绿地中或周边的建筑、建筑轮廓线、公共空间、绿地基础设施、景观小品等，其能够丰富城市绿地景观，增加绿地的活泼、亲人气氛，也是形成独特绿地景观的重要构成部分，直接与城市居民的日常生活息息相关。

2.2.2 潜质形态要素——人文景观要素

人文景观要素主要反映社会中人的生活内容,以民风民俗、文化传承等方式体现出来,具体来讲,包括城市历史沿革、传统文化、地域文化、现存遗迹等历史资源要素,宗教信仰、民俗民风、民间艺术等民俗资源要素以及市民素质、市民精神、节假日活动、市民活动规律场所等人文活动资源要素。人文景观要素的历史性和珍贵性往往是一个城市的特色所在。除了建筑、街道等,城市绿地也是承载人文景观要素的重要场所,融入人文景观要素,更能够与身在其中的人们形成情感上的共鸣。

这些景观要素共同作用于城市,同时作用于城市的绿地景观,形成不同的城市绿地景观风貌。但对于不同的城市,其城市绿地景观风貌要素所发挥的作用不同,在特定的环境条件下是以某个或某几个因子为主导因子的。各种要素按照其地位和作用的不同可分为核心要素、基础要素和辅助要素。核心要素指在城市绿地景观风貌营建中起重要和核心作用的要素,基础要素指在城市绿地景观风貌营建中起基础作用的要素,辅助要素则是指在城市绿地景观风貌营建中起辅助表达景观作用的要素。不同地域条件下,各风貌要素所处地位可能不同;同一地域条件下,不同时期的风貌要素所处地位也可能不同。如在城市绿地景观风貌系统功能导入期,重庆的绿地景观风貌系统中的核心要素就是自然环境肌理,而西安这个文化古都的核心要素则是历史文脉;但在功能成熟期,两个城市的绿地景观风貌系统的核心要素就转变为绿地空间、基础设施、市民素质等。

城市绿地景观风貌系统构成要素复杂多变(图 2-1),因此,只有在充分解读了城市风貌要素的基础上来解读各要素功能的地位以及不同时期所突出展现的主导因子,才能创造出个性鲜明、能给人留下深刻印象的城市绿地景观风貌。

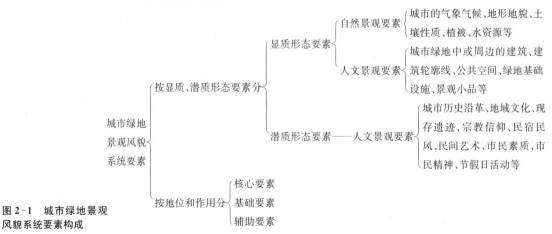

图 2-1 城市绿地景观风貌系统要素构成

2.3 城市绿地景观风貌系统层次分析

系统具有层次性,层次性是系统的一种基本特征。系统的层次性是指由于组成系统的诸要素的种种差异包括结合方式上的差异,使得系统组织在地位与作用、结构和功能上表现出等级秩序性,从而形成的具有质的差异的系统等级[5]。比如社会系统也是一个多层次系统。个体、群体、单位、社区,直到省市、国家,就是系统中的一个层次序列。系统虽是由要素组成的,但另一方面,这一系统又是上一级系统的子系统——要素,而上一级系统又只是更大系统的要素,这一系统的要素却又是由低一层次的要素组成的。所以,系统和要素、高层系统和低层系统具有相对性。一个系统之所以被称为系统,实际上只是相对于它的子系统即要素而言的。城市绿地景观风貌系统是城市风貌系统的子系统,即要素,城市风貌系统则是城市系统的要素,城市绿地景观风貌系统又是由植被、公共空间、景观小品等要素组成的。

城市绿地景观风貌系统要素结合方式上的差异性形成了各子系统的不同等级,揭示了城市绿地景观风貌系统纵向上的等级性和处于不同水平的子系统的共性。按空间尺度和大小划分,城市绿地景观风貌可分为宏观层次上的系统、中观层次上的系统和微观层次上的系统,即城市级的城市绿地景观风貌、城区级的城市绿地景观风貌和街区级的城市绿地景观风貌。

2.3.1 城市级的城市绿地景观风貌

城市级的城市绿地景观风貌研究是以整个城市或几个城市即城市群的绿地景观为主体的。如果一个城市或几个城市的绿地景观风格一致且其自然和人文景观应用保护得较为完整,那么这个城市或者这几个城市在区域或国家的范围内就表现为一个风貌整体。如海峡西岸城市群,以福州、厦门为中心,包括漳州、泉州、莆田、宁德等城市,形成了以武夷山、厦门鼓浪屿、雁荡山为主的亚热带城市绿地景观风貌。如果城市的绿地景观破碎、混乱,无法呈现一个城市的绿地景观的显质形态要素和潜质形态要素的规律和有序性,对城市的整体风貌没有积极作用,那么这个城市在区域和国家的范围内就表现为缺乏城市绿地景观风貌。只有通过合理调整城市绿地景观要素的结构,才能逐步形成有特色的城市绿地景观风貌。

2.3.2 城区级的城市绿地景观风貌

一个实现资源优化配置的现代城市,是由多个特点清晰、明确的功能区组成的,受历史、经济、社会和行政多因素的影响。分区是城市中最基本的空间划分方式,中国早在《考工记》中就有"左祖右社,面朝后市"的记载。城市特定功能在特定区域空间内聚集,就有了功能区的分化,形成城市不同的功能区。区域中绿地景观风貌与区域和城市定位与城市功能布局有着直接的关系。

城区级的城市绿地景观风貌是以城市中一个或几个区域的绿地景观为考察对象的。考察内容主要包括显质形态要素和潜质形态要素,要考虑区域内绿地景观结构是否有序完整,是否具有统一的景观风格,是否能反映一定的文化内涵,是否是居民日常生活的重要组成部分、活动的主要承担地等,从而得出区域内城市绿地景观风貌是否完整。如西安市区分为新城区、碑林区、莲湖区、未央区、雁塔区、灞桥区、临潼区、阎良区、长安区9个区域,其中莲湖区保持古城风貌景观,未央区形成以浐灞河生态绿地、未央湖度假区、汉城古遗址保护区、阿房宫古遗址保护区为代表的历史文化气息浓郁的绿地景观,临潼区则建设以自然风景如骊山、历史文化及文物旅游为特征的绿地景观风貌,长安区则是由雁塔、碑林、莲湖、新城一起共同构成全市现代绿地景观的城市中心。

2.3.3 街区级的城市绿地景观风貌

城市被道路划分为许多不同的区块,4条相交接的道路围成的区域就叫街区。街区是城市最基本的空间构成形式,边界往往是道路或者自然河流、山川等。街区的尺度有大有小,内部空间构成有简单有复杂,街区级的城市绿地景观可能存在也可能不存在。因此,对城市绿地景观风貌系统的研究多是在城市级和城区级两个层次上进行的,但它们在实质上也是依靠对城市街区群之间和城市街区内部两部分来研究其风貌特性的。

对于城市绿地景观风貌系统来讲,还有其他不同的分层方法(图2-2),如按时间尺度来划分,可分为历史、现实和发展城市绿地景观风貌,按组织化程度又分为导入期、发展期和成熟期城市绿地景观风貌。系统层次的划分,是与实践要求相联系的。高层次作为整体制约着低层次,又具有低层次所不具有的性质。低层次构成高层次,受制于高层次,又有自己的独立性。城市绿地景观风貌系统发展时,就会出现街区级、城市区级、城市级多个层次的相关调整,使得涨落得以放大和响应,造成整个城市绿地景观系统发生相变,有序或无序。将层次性原理转变为认识方法,具有重要的实践意义。

图2-2　城市绿地景观风貌系统层次构成

2.4　城市绿地景观风貌系统类型分析

我们用系统的层次性来揭示系统纵向上的等级性和处于不同水平上的系统的共性，同样可以从系统的横向揭示系统的多种状态及其共性，这就是系统的类型性。如城市纵向上可分为特大城市、大城市、中等城市、小城市、镇，横向上可分为综合性城市、工业城市、矿业城市、港口城市、金融商业城市、旅游城市和科学文化城市。一定的类型，往往贯穿多个层次，同一层次之中也可以有多种类型。层次和类型是紧密相连的，也就构成了系统的普遍联系之网。研究系统的组织结构时，既要意识到系统的层次性，也要意识到系统的类型性。

城市绿地景观风貌系统分类研究可以将不同地域、拥有不同民俗民风的城市绿地风貌拉开，又能把处于同一地域、民俗民风相近的城市绿地进行明确区分，在相近中求差异，在统一中求变化，使不同区域的绿地景观有不同的精神内涵和不同的风貌特色，使相同区域的绿地景观有相似的精神内涵但有不同的风貌特色，这种不同也是城市绿地景观风貌系统本质结构的表现形式。城市绿地景观风貌系统分类如图2-3。

图2-3　城市绿地景观风貌系统类型分类

2.4.1　不同地域的城市绿地景观风貌系统分类

现实中的城市是千差万别的，其城市绿地景观风貌也是各有特点。不同的自然地理环境和人文历史环境使得不同地域的城市绿地景观风貌有所侧重，从而形成了城市风貌和城市形象定位之间的差别[46]。因此，城市绿地景观风貌可分为自然地理环境主导型、人文历史环境主导型和综合影响型。但由于绿地形成环境复杂，绝对的界定是不可能的也是没有必要的，分类的目的在于从不同的角度找出不同城市绿地景观风貌的影响因素和特色。

（1）自然地理环境主导型　对城市绿地景观风貌影响较大的自然地理环境因素主要有地形地势、江湖水系和气候气象。

地形地势指的是城市所处的地貌和城市山地、盆地、平原、高原、沙漠等地理要素的组合方式。地形地势给城市绿地的发展提供有利条件的同时也有一定的限制因素。如山城重庆市因地形地貌变化丰富而形成以大巴山、巫山、武陵山、都江堰等为背景的秀美城市绿地景观；常熟市"十里青山半入城"的空间形态特色是其绿地景观风貌特色形成的基础[47]；而呼伦贝尔市城市绿地景观主要构成要素是蓝天、大草原。江湖水系指市域范围内江、河、湖泊、溪泉、海、人工运河及其附属堤岸等。城市的江湖水系在尺度、形式上的不同对不同城市绿地景观风貌的形成有着巨大的影响。如杭州的城市水文条件正是导致它目前的城市绿地风貌特色的原因之一；青岛以群山为背景、海洋为开敞面，城市坐落于其间，极富山水特色。气候气象指城市因处于不同经纬度而造成气候、温湿度等的差异[48]，很自然也能影响城市的绿地景观风貌，如昆明的四季如春和哈尔滨的"冰城"景观。

（2）人文历史环境主导型 对城市绿地景观风貌影响较大的人文历史环境因素主要是历史文化。

历史文化是城市长期发展形成的文化积淀，是不同时代的不同文化融会贯通而形成的极具时代特性的文化。不同区域之间存在着深层次的文化差异，它们集中体现于城市中，赋予城市文化以鲜明的底色，对城市绿地景观风貌有着深刻的影响。比如扬州的瘦西湖和运河文化构成了其绿地景观风貌的基底，南京的古都文化形成了其绿地景观风貌的特色，上海绿地景观风貌则是在自身文化和西方外来文化影响下形成兼收并蓄的特征；另外以旅游活动的举办而形成的城市特色也是城市文脉的积淀，如大连的国际啤酒节为号称浪漫之都的大连锦上添花，青岛则以啤酒之城、海尔园、帆船之城闻名遐迩。

（3）综合影响型 城市绿地景观风貌受自然地理环境和人文历史环境的综合影响，因此城市绿地景观既具自然地理特色，又有人文积淀，也是现今城市绿地景观风貌所要达到的目标。如杭州西湖、钱塘江、千岛湖以及周边丘陵的自然地理环境构成了杭州山水美景的基础，又凭借其千年的历史文化积淀所孕育出的特有的江南风韵和大量杰出的文化景观使得杭州之美美在西湖，杭州也因此被称为"人间天堂"以及"东方休闲之都"。

2.4.2　同一地域的城市绿地景观风貌系统分类

同一地域城市所处文化圈相同，地理自然环境相似，城市绿地景观能够形成一致协调的景观风貌。在城市绿地系统中按功能可将城市绿地分为公园绿地、广场用地、防护绿地、附属绿地和区域绿地五类，而城市绿地景观概念注重绿地的公共开放性,可分为公园绿地风貌、防护绿地风貌、广场绿地风貌。公园绿地风貌指向公众开放,以游憩为主要功能,兼具生态、美化、防灾等作用的绿地景观风貌;防护绿地风貌指城市中具有卫生、隔离和安全防护功能的绿地景观风貌,如道路防护绿地;广场绿地风貌指城市中最具公共性、最富艺术魅力、最能反映现代都市文明的开放空间,是对城市生态环境质量、居民休闲生活和城市景观有直接影响的绿地景观风貌。各类型绿地景观风貌因功能的不同而呈现出不同的风貌侧重,如公园绿地风貌活泼轻松,注重人文因素的运用,而防护绿地风貌则统一有序,在保证其卫生、防护效益的基础上追求景观的最优。

　　不同城市的绿地景观风貌类型,其风貌的形成和构成因素都有所侧重;同一城市的绿地景观风貌类型,其风貌的形成与其绿地功能息息相关。将城市绿地景观风貌进行分类的目的就在于建立一种相对完善的城市绿地景观风貌体系,对城市绿地景观风貌进行分类比较,找到同类型城市绿地景观的本质特征、内在联系和发展规律,并针对这些特点进行规划控制,达到强化城市绿地景观风貌特色的目的,最终服务于城市风貌规划建设与管理。

2.5　城市绿地景观风貌系统结构分析

2.5.1　城市绿地景观风貌系统结构

　　系统的结构指系统内部各组成要素之间相对稳定的联系方式、组织秩序及其时空关系的内在表现形式。系统的结构反映系统中要素之间的联系方式,是系统的一种内在的规定性,强调了系统之中要素之间的相互联系、相互作用。正是这种相互联系、相互作用使得系统具有了整体行为,成为系统具有整体性的原因。在这个意义上,系统之所以具有整体性,就在于系统是通过内部结构联系起来的。只要要素之间存在相互作用,就有系统结构[5]。有了系统结构,就有了系统质的规定性。如果系统的结构发生了改变,那么系统也就会发生质变。但有结构不等于有序,在相对意义上,结构分为有序的和无序的两大类。有组织的系统就是具有有序结构的系统。城市绿地景观风貌系统的结构不仅具有空间属性,而且具有时间属性,因此城市绿地景观风貌系统呈现出双重结构的特征,即空间维度结构和时间维度结构,这也是由城市绿地景观风貌自身要素所决定的[34]。

2.5.1.1　空间维度结构

　　城市绿地景观风貌系统的空间维度结构指城市绿地景观风貌系统诸

$$
空间维度结构\begin{cases}点——节点、广场、标志\\线——轴线、环带、廊道\\面——核心区、边缘区、团组区\\域——风貌、风光、风情\end{cases}
$$

要素在某一空间坐标中所形成的组织方式。它反映了这一空间坐标中城市绿地景观风貌系统中各要素之间的空间关系和空间属性。这一空间组织方式主要通过"点、线、面、域"的相互联系(图 2-4),形成多维度的城市绿地景观风貌空间体系,对良好城市风貌的形成起着关键性的作用[49]。

1)点

点是观察者可以进入或是能留下深刻印象的关键绿地景观节点。点是从一种结构向另一种结构的转换处,具有连接和集中两种特征[20],是对观察、认识城市具有战略意义的点,是易形成城市绿地景观印象并便于记忆的参考点。典型的如道路交叉口绿地、广场、核心绿地、绿地标志雕塑等,可以是一个广场、一个公园,也可以是绿地景观中的人工物。通过调查分析确定节点,对形成城市绿地景观印象具有典型的代表意义。

2)线

线是城市带状绿地形成的绿地景观轴线、绿地景观环带和廊道,如滨河绿带、道路绿地等。线是观察者习惯、偶然或是潜在的移动通道,是城市内居民及外来游客感受到的线性景观,是游人进入城市感受到的核心景观。人们正是在移动的同时观察着城市,线性景观一般沿城市主干道或游览路线展开布局,连通绿地景观节点,从而建立良好的城市绿地景观体系。

3)面

面是居民和游人可以在城市内随意进出且具有共同特征的绿地开放空间,观察者从心理上有"进入"其中的感觉。这些共同特征通常从内部可以确认,从外部也能看到并可用来作为参考。面通常是由一个或几个城市绿地景观节点、轴线形成的较大面积的城市绿地景观风貌区,在城市中绿地景观资源较为丰富、集中的地方易于形成。面具有鲜明的主题,经过人们的想象、领悟,便形成了人们对绿地景观风貌区的理解和意向表达。

4)域

域是城市中的绿地集散区,一般是绿地风貌、旅游风光较为突出的区域,人们在其中可进行多种活动,如游赏观光、餐饮购物、娱乐健身等。在每个区域中都能找到一些占主导地位的节点,典型的核心景观是区域的集中焦点和集结中心。域的形成不仅需要城市绿地景观的协调,还需要城市建筑风貌等构成城市风貌的其他要素的配合与组织。

2.5.1.2　时间维度结构

　　城市绿地景观风貌系统的结构形成,除空间的作用外,时间也是不可忽略的要素,因为城市绿地景观风貌的形成总是在一定的历史条件忽略的。城市绿地景观风貌系统的时间维度结构指城市绿地景观风貌的各要素随时间的变化,而在时间坐标上呈现出的演变现象。一般来讲,时间维度上的城市绿地景观风貌主要通过"历史风貌、现实风貌、发展风貌"来展现,即城市绿地景观风貌系统的时间结构可以概括为 3 个层面,即历史风貌层、现实风貌层和发展风貌层,每个风貌层又可以细分为更丰富的次层,如图 2-5 所示。

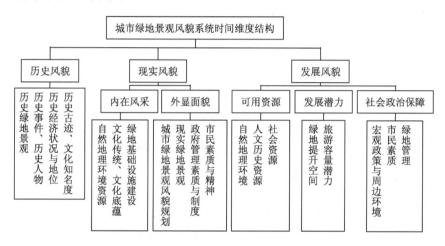

图 2-5　城市绿地景观风貌系统时间维度结构

　　历史风貌指城市绿地景观于历史发展过程中在人们心目中所形成的风采面貌,现实风貌指城市现实的绿地景观在人们心目中所形成的风采面貌,发展面貌指城市绿地景观未来的发展远景在人们心目中所形成的风采面貌。从时间维度来了解的绿地景观风貌是过去的风貌,不能照搬到现在和未来。虽然过去的风貌形象不能重现于现在和未来,但是它是现在和未来城市绿地景观风貌形成、发展的基础,有一定的研究和参考价值。

2.5.2　城市绿地景观风貌系统结构的载体认知

　　一个系统中的要素并不是平均分布的,其相互作用有大有小,其联系有些是本质联系,有些则是非本质联系,导致其所处地位就有核心有辅助。系统体现出的整体性也是多样性联系基础上的统一性,对各种联系的同一性进行提取,也就形成了不同的类型和层次。各类型、层次又都有一定的组合方式,即结构,结构有关键结构和非关键结构,即实质性结构和非实质性结构。系统结构的这种特性使得在系统中,总有一部分要素在质量、数量、形态和排列方式上占优势,在系统结构中占主导地位,对系统功能的发挥起着至关重要的决定性作用,这些部分我们称之为载体。结构分析的重要内容之一是划分子系统,分析各个子系统的结构,分清不同子系统之间的关联方式,找出这些占优势的要素组合,也就是结构载体。

城市绿地景观风貌系统中,我们将在要素、结构和功能方面都占据一定优势并发挥一定主导作用的部分称为风貌载体。城市绿地景观风貌由显性形态要素和隐性形态要素组成,且结构上有空间维度载体和时间维度载体。其中在空间维度载体中占据优势并发挥主导作用的称为空间生态载体,有人的参与;而在时间维度结构中占据优势的则称为时间文态载体,反映特定地域、特定时间段的文明程度、文化格调等[11]。空间生态载体稳定,不因自然条件或人为因素而改变,有明确的形态,具有一定的空间变化或空间序列,能产生相应的人为活动及活动模式,表现为绿地分布格局、水系山体骨架、绿地设施分布等;时间文态载体也具有稳定性,反映了一定阶段人类的文明程度或地方文化,具有均质的肌理、统一的文化气氛和格调,使用相似风格的空间和形态符号,表现为城市历史文脉、地方风俗、市民素质与精神等。二者有机统一、协调有序才能完成城市绿地景观风貌的功能要求,缺一不可。在城市绿地景观风貌的空间生态载体中,其内部没有空间或空间序列变化的形态称为风貌符号。城市风貌符号是形成风貌载体必不可少的构成单位,是进入特定风貌载体的特色要素。在不同的城市绿地景观风貌系统中,同一种风貌要素可能是某一个城市绿地景观系统中风貌载体中的风貌符号,换一个城市,却不一定能成其为风貌符号。如假山叠石是我国古典园林的基本构成要素,因此它是具有传统绿地景观风貌的城市如苏州等的风貌符号,但如果放在西南地区,就不再成为其绿地景观的风貌符号。风貌符号丰富了风貌载体的内容,在风貌载体的规划中,要合理利用风貌符号,使其作为风貌载体的一部分高频率地出现。

2.5.3　城市绿地景观风貌载体的基本形态类型

根据系统论中优势结构的理论,城市绿地景观风貌系统中也具有一些基本的风貌载体类型,在展示城市绿地景观风貌信息,提升城市绿地景观风貌方面具有主导性的作用。凯文·林奇在《城市意象》中指出,城市中容易被人所感知的空间形态要素是道路、边界、区域、节点和标志物(图 2-6),在城市绿地景观风貌系统中,空间维度结构通过"点、线、面、域"相互联系,空间生态载体是风貌载体物化的基础,相对应的风貌载体类型包括景观风貌符号、景观风貌核、景观风貌轴和景观风貌区。景观风貌符号和景观风貌核在空间结构上都属于点的范畴,景观风貌符号贯穿于其余 3 种类型中,景观风貌轴和景观风貌区分别属于线和面的范畴,

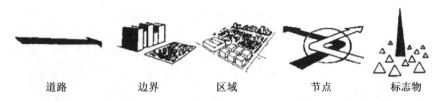

图 2-6 城市空间形态
要素

| 道路 | 边界 | 区域 | 节点 | 标志物 |

4 种类型组合又形成域的范畴。5 种风貌载体类型反映了不同的空间形态和尺度，相互组合形成丰富的绿地空间结构。

1）景观风貌符号

景观风貌符号指在城市绿地景观中反复出现的要素，是风貌载体的基本构成要素。景观风貌符号一般具有较强的文化性，是经过抽象了的空间和文化元素。在绿地景观中，可以是铺装材料，也可以是小品元素、特定植物。如根据武进春秋淹城三城三河的结构，抽象出绿地的代表符号，见图 2-7。

2）景观风貌节点

景观风貌节点指在城市绿地景观风貌中的点状绿地景观，而景观风貌节点中具有高度代表性的城市广场或绿地节点称为景观风貌核，其要素构成紧凑，是城市绿地景观风貌的积淀。景观风貌核一般具有明显的空间范围和有感染力的景观元素。在空间形态上具有多样性的特点，形式上是三维或二维形态，如上海太平桥绿地与延中绿地。太平桥绿地（图 2-8a）位于一大会址附近，巧妙运用了太平湖、南部山体与植物造景来凸显石库门建筑风格韵味，历史氛围与自然生态氛围相得益彰，石库门因绿地和湖泊而有了灵气，绿地和湖泊因石库门而多了份厚重，成为上海绿地表达文化的典范。延中绿地（图 2-8b）位于上海"申"字高架桥中心结合点，地跨黄浦、卢湾、静安 3 个区，总面积约 23 hm² ，由始绿园、感觉园、地质园、疏林芳草地、自然生态园 5 篇"乐章"组成一首"蓝绿交响曲"，成为一流都市景观的同时发挥着巨大的生态效益。

3）景观风貌轴

景观风貌轴是城市绿地景观风貌中的线形绿地景观，一般依托道路、河流等大量线形空间元素形成，也因此成为城市风貌特色的重要空间和

图 2-7 武进春秋淹城
绿地符号

a 上海太平桥绿地   b 上海延中绿地

图 2-8 景观风貌节点

城市的象征。形态上顾名思义就是水平方向上横向与纵向尺度相差较大的矩形或线形形态,形式上是三维或两维形态。另外,由于环形交通空间的存在,如古城墙和护城河,易形成景观风貌环,成为展示绿地景观风貌的重要载体类型。如桂林滨江路连接象鼻山、杉湖、伏波山等多个景点,成都府南河以及上海外滩沿江风貌带也是城市旅游必游之地(图 2-9)。

a 桂林滨江路   b 成都府南河

图 2-9 景观风貌轴   c 上海外滩沿江风光带

图 2-10　南京长江路历史文化街区

4）景观风貌区

景观风貌区指城市绿地景观中风格协调一致的区域，一个风貌区中可包括多个风貌核风貌区，在空间上可以是由一个或多个城市街区构成，形态上趋于水平方向上横向与纵向尺度相近的矩形形态，形式上是三维形态。如南京长江路历史风貌街区，西起中山路、东至汉府雅苑，短短不到 2 km 的长江路上，有总统府、梅园新村、毗卢寺、1912 街区，有保存完好的桃源新村民国建筑群、国民大会堂旧址、国立美术陈列馆旧址，甚至还有即将消失的石库门青村、海山村等大小近 20 处民国建筑。民国历史在长江路留下了浓墨重彩，长江路就是南京的一个缩影，可以说"一条长江路，半部民国史"。街区将各景点集零为整，呈"非"字形发展，着重打造历史文化、革命文化、生态文化、佛教文化和现代文化的"五化"主题，可选择时长两小时或是两天的不同体验行程（图 2-10）。

2.6　城市绿地景观风貌系统功能分析

功能是系统在与外部环境相互联系和相互作用中表现出来的性质、能力和功效，是系统内部相对稳定的联系方式、组织秩序及时空形式的外在表现形式。凡系统都有功能，功能是一种整体特点。系统的功能和系统的结构是相对应的。系统中内部要素的普遍联系形成了系统的结构，而系统与外部环境的相互联系则形成了系统的功能。系统功能可同时具有多个，由环境决定。往往环境的变化会引起系统功能的变化。结构规定了系统的内在联系，而功能则是对系统外在表现的规定，体现一个系统对另一个系统的意义、价值。根据系统论的观点，城市风貌系统的功能是由系统的结构支持来完成的，相同的功能可以经由不同的结构来完成。认识和研究城市绿地景观风貌系统，其直接目的是为了了解和认识系统的功能，进而获取、利用和改造系统的功能。城市绿地景观风貌系统研究就是为了充分挖掘城市的特色,规划城市独特的绿地景观风貌,为市民和游人创造一个舒适宜人且有特色的城市绿地环境,并使市民产生认同感和归属感,提升城市的核心竞争力。城市绿地景观风貌系统的功能主要体现在以下6个方面,它们之间又是循序渐进的发展过程,如图2-11。

1)有利于整合城市绿地景观资源

城市绿地景观资源是城市绿地景观特色风貌建设的关键。一个有着良好绿地景观风貌的城市,其绿地景观资源必定是有序而合理利用的。只有将本城市的景观资源充分挖掘,才能提炼、整合特色部分并加以利用。

2)有利于激活城市旅游潜力

城市旅游形象是城市的无形资产,在一定程度上能反映城市综合实力的高低。富有吸引力的城市绿地景观风貌对树立有识别性的城市旅游形象具有重要的推动作用。

3)有利于提高城市凝聚力

城市人创造城市的绿地景观,城市绿地景观及其内涵又能育人化人,实现城市人的自我价值。城市绿地景观风貌的功能在人和绿地环境的关系上表现为一种共生互动效应,即城市的物质形态表现出的文化风格越高,则城市环境造就的城市人素质就越高,也就提升了城市的凝聚力。

4)有利于彰显城市活力和形象

良好的城市绿地景观风貌能够使市民产生极大的自豪感,刺激城市旅游业的发展,在信息交流、转换的过程中,城市的活力得到大大提升,城市形象也得以彰显。

5)有利于带动城市风貌发展

城市风貌是系列的综合系统工程,城市绿地景观风貌是这一综合系统的一个子系统,其自身结构功能的调整在系统中形成积极的涨落,使涨

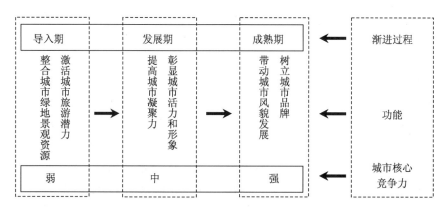

图 2-11　城市绿地景观
风貌系统功能渐进过程

落得以放大,诱发其他子系统的调整,令系统得以发展和进步。

6) 有利于树立城市品牌

城市绿地景观风貌为城市提供美的景观和面貌,当它所代表的城市风格和形态能够展现城市特征和精神面貌时,也就成为城市品牌的构成要素。

3 基于系统论的城市绿地景观风貌规划研究

3.1 城市绿地景观风貌规划的基本特征

在我国长期的城市发展中,先后形成了城市规划、城市设计、城市历史文化遗产保护规划、城市风貌规划4门现代城市塑造的学科,基本反映了近现代城市的3个发展阶段。西方现代工业的发展使得城市大量增加,如何更经济地使用有限的土地资源促使了城市规划学科的兴起和发展。随着城市建设的发展,现代建筑尤其是高层、超高层建筑的大量出现,城市竖向空间的布局与重点地段的总体设计越发显得重要,城市设计理论极大地改善了城市公共空间的质量。越来越多的城市也导致新的问题应运而生,以现代建筑为基础的城市越来越缺乏自身的个性,于是城市历史文化遗产保护规划就提上了日程。但城市中不仅历史文化街区遗产需要保护,更多新建的城区也需要与城市文化相结合,提升自己的标识性和可读性。城市风貌正是对城市自然、文化资源进行整体整合规划并指导其在城市各空间应用的规划,正是对城市规划中城市外貌、精神等内容的补充。

城市绿地景观风貌规划作为城市景观风貌规划的专项规划之一,也是城市风貌规划中必不可少的过程,是分析其构成要素、调整结构增加其功能的一个系统过程。可以看到城市绿地景观风貌规划工作主要有2个阶段,其一是要素分析,通过调查、分析城市自然景观资源和文化景观资源,提炼影响城市绿地景观风貌的核心要素,提出城市绿地景观风貌构建的宏观目标,这也是规划工作的关键;其二是贯彻实施该风貌塑造目标,将城市特有文化资源与城市绿地空间营造相结合,也就是调整结构的过程,最终达到城市绿地景观风貌的功能要求。城市绿地景观风貌规划主要具备以下4个特征:

1) 整体性与综合性

城市绿地景观风貌规划作为一个系统的规划,首先是作为城市风貌规划的专项规划之一,其各组成要素被作为一个整体来对待,具有自己的功能和层次。而城市绿地景观风貌规划组成要素多样,涉及社会、历史、文化、政治、生态多个层面,因此其规划又具有综合性。

2）规范性与引导性

城市绿地景观风貌规划是对城市绿地景观的空间布局、整体结构及文化内涵面貌的探索与研究，不是具体地块规划设计的最终依据，它对城市绿地景观建设和文化建设具有规范性和引导性的作用。

3）阶段性与连续性

城市绿地景观风貌的形成并不是一朝一夕的事，而是一个不断调整和长期沉淀的过程，规划针对的是当时一个时期的绿地景观建设，但随着时间的推移，城市经济发展和行政策略的变化又能引起短时期稳定的绿地景观风貌向新的风貌变化和发展，因此具有阶段性和连续性的特点。

4）能动性与协同性

城市绿地景观风貌规划在制定与实践过程中，都离不开人的参与，它形成于人对绿地景观的感知，完成于人对绿地景观的要求，实践于人对绿地景观的体验，充分体现了能动创造性。另外城市绿地景观风貌的建设除了规划的引导、控制外，更重要的是政府、市民的管理和维护，不断地完善和调整，也是协同性的表现。

3.2 基于系统论的城市绿地景观风貌规划研究指导方法

系统论是研究系统一般模式、结构和规律的出发点，是应用系统论基本原理和基本规律指导事物研究的方法。系统论的基本原理是对系统基本特性的概括，包括整体性、层次性、开放性、目的性、稳定性、突变性、自组织性和相似性；系统论的基本规律总结了系统存在的基本状态和演化发展趋势中表现出来的必然遵循的、稳定的、同一的联系和关系，共有结构功能相关律、信息反馈律、竞争协同律、涨落有序律和优化演化律5个规律。系统论从系统的要素着手，对其层次、结构和功能进行研究，给许多学科研究带来新的研究规律和思维方式。规律是系统与系统普遍联系中的有某种共性的稳定的联系，发现系统的一般规律并将之运用到个体系统中，也是系统相似性原理的体现。基于系统论的城市绿地景观风貌规划就是以系统论为依据，运用系统论规律对不同时期的规划进行指导，调整结构使其逐渐趋于稳定状态的过程。根据对城市绿地景观风貌系统以及系统论方法原理的认知，系统论的方法论主要从以下6点指导不同时期、不同阶段的城市绿地景观风貌规划，如图3-1。

图 3-1 基于系统论的城市绿地景观风貌系统规划指导方法

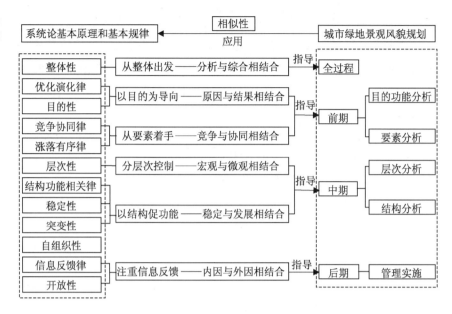

3.2.1 从整体出发——分析与综合相结合

整体性是系统最为鲜明、最为基本的特征之一，系统整体性原理指整体的相互作用不再等于部分相互作用的简单叠加，而是整体大于部分。系统是由若干要素组成的具有一定功能的有机整体，各个部分处于有机的复杂联系之中，部分之间存在协同作用，每一部分都影响着整体，反过来整体又制约着部分，部分不可能在不对整体造成影响的情况下从整体之中分离出来。整体与部分又总是与分析和综合联系在一起的。分析是把整体分解为部分来加以认识，主要任务是认识部分；而综合则是把部分综合为整体来加以认识，认识整体是综合的主要任务。分析和综合正如部分和整体一样是辩证联系在一起的，单纯强调某一方面都是片面的。系统科学强调在分析基础上的综合，在综合之中的分析。从整体出发也就是强调了部分和整体相结合，分析与综合相结合。

城市绿地景观风貌系统中，自然景观、人工景观和人文景观要素相互联系，共同构成了城市绿地景观风貌这个整体，形成了新的系统的质的规定性，表现出整体的功能，即构成整个城市风貌的基底，提升了城市风貌特色等。离开了城市绿地景观风貌这个整体，单纯的自然景观、人工景观也就失去自己在城市风貌系统中的价值和意义，而城市绿地景观风貌若失去这些组成要素，则成了空的整体。城市绿地景观风貌规划实际上就是对系统各要素部分的整体规划，达到系统整体的稳定性，并不是单纯指某一要素、某个部分、个别层次的稳定性。另外规划方法上注重分析与综合相结合，统筹安排。首先从整体上对城市绿地景观风貌的现状进行分析,再对其构成要素进行深入分析,把握其内在的联系,进而整合结构。任何要素的调整都要考虑整体的要求,都要服从整体的建设[31],促进功能,同时注重规划和建设管理环节的衔接与协调。

3.2.2　以目的为导向——原因与结果相结合

目的指人类活动的目标与标准。依据系统的目的性原理,城市绿地景观风貌目的指城市绿地景观风貌系统在与环境的相互作用中,在一定范围内其发展变化不受或少受条件变化或途径经历的影响,坚持表现出某种趋向预先确定的状态。

目的在规划行为特征中表现为2个方面:一方面是系统已处于所需要的状态时,就力图保持系统原状态的稳定;另一方面,当系统不是处于所需要的状态时,就引导系统由现有状态稳定地变到一种预期的状态。总之,人们的系统实践,都是把实现系统的优化作为自己的一般目的和追求,从优化设计到优化计划、优化管理、优化控制,最终都是为了优化发展,也体现了系统的优化演化律。目的的提出是一种影响全局的工作,是影响和决定城市风格的全局性、长远性构思。城市绿地景观风貌规划贯穿于城市风貌规划的各个阶段,处于不同阶段的城市绿地景观风貌其规划目的各有不同:城市绿地景观风貌优良的城市,目的是保持、强化其良好的城市绿地景观风貌;城市绿地景观风貌模糊的城市,目的是明确城市绿地景观风貌的特色形象;城市绿地景观风貌过时的城市,目的是设计崭新的城市绿地景观风貌;城市绿地景观风貌不佳的城市,目的是营建崭新的城市绿地景观风貌。尽管不同阶段规划的目的有所侧重,但总的目的是一致的,即达到城市绿地景观风貌系统的优化演化,具体包括城市绿地的合理安排,空间形态最优化,生态环境持续协调发展,人文精神文化得以延续,推动社会经济的发展和市民素质的提高等。

1) 经济层次

一切规划都是为了城市更好地发展,城市绿地景观风貌规划归根结底是为了城市经济的发展。在规划过程中,完善城市绿地景观的结构布局及形态,更好地引导城市的空间布局,是为了形成城市的旅游品牌,吸引游人的停留,促进城市经济的增长。

2) 文化层面

城市绿地景观风貌规划应主动承担保护城市传统、延续城市风格、传承城市文脉的责任与使命,构筑人性化的城市绿地空间。

3) 美学层面

城市绿地景观风貌规划的目的之一是合理组织各要素使之达到协调、和谐的状态,体现出一定的美学价值,创造一个舒适宜人、便捷优美的城市绿地空间,建设一个有机均衡的城市精神人文环境,促进形成一种合理的社会秩序。

4）精神层面

人作为社会主体具有一定的社会属性,城市中人的精神面貌对城市整体风貌的影响不可忽略。城市绿地景观风貌规划正是致力于通过场所精神的融入与表达,提升人的精神风貌素质,实现城市绿地的社会价值。

从系统的目的性原理来看,人们可以从结果来研究原因,按照预先设想的结果来推论所需的原因。一个系统的发展运动,实际上就是瞄准一个发展终态,使系统的现实终态与发展终态的距离之差逐渐缩小为零,以实现这个发展阶段的终态。这就为在实践上要制备预先确定了目的的系统奠定了方法论的基础,即目的性规划。从城市规划到城市绿地系统规划,无不是目的性规划的体现。但不能忽略的是,目的由于受时间、空间等原因的多重制约,目的性规划的实践并不能完全兑现目的,达到预想的完美结果。

城市绿地景观风貌规划的过程实质上是解决人的需求与实践建设的矛盾的过程。具有良好绿地风貌的城市往往能形成自己的独特风格,极具吸引力。而对于风貌营造成功的城市,往往具有学习借鉴意义,但不加改变的学习就变成了复制,复制往往会丧失自己的风格。风貌的塑造关键在于在考虑城市需求的情况下制定有弹性的、有预见性的目的,产生有特色的、富有创意的想法,遇到变化的时候及时做出调整,而不仅仅是口号和原则。目的可分为理性目的和感性目的,风貌规划中目的的偏向取决于城市绿地景观的基础条件。理性目的偏重于秩序和整体,为文化氛围浓郁的城市所缺少和追求;感性目的偏重于可识别性和地方性,是文化氛围较为薄弱或破坏严重的城市亟须补充的。

3.2.3 从要素着手——竞争与协同相结合

一个系统具有层次、结构和功能,归根到底是由其构成要素的相互作用引起的,系统内部的要素之间,既存在整体统一性,又存在个体差异性,整体统一性表现为协同因素,个体差异性表现为竞争因素。竞争造成系统中的涨落,使系统中各个子系统在获取物质、能量和信息方面出现非平衡。其中一些子系统率先突破既有的稳定域,得到整个系统的响应时,涨落放大,原有的涨落竞争转化为新的稳定协同,系统进入新的稳定状态,这也是系统理论中一个重要的规律——涨落有序律。新的协同整合状态之中又出现新的竞争涨落,通过竞争达到合作,在合作之中又进行竞争。系统的发展演化正是通过竞争和协同的相互对立、相互转化来实现的,这也是系统竞争协同律的内涵。

城市绿地景观风貌系统中,各组成要素之间的相互作用较为复杂。

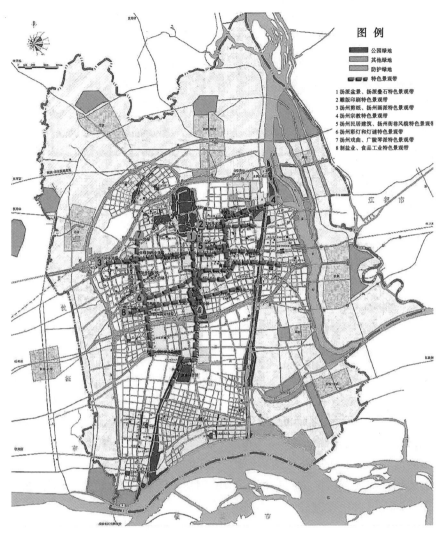

图 3-2　扬州特色景观带

图 例

公园绿地
其他绿地
防护绿地
特色景观带

1 扬派盆景、扬派叠石特色景观带
2 雕版印刷特色景观带
3 扬州剪纸、扬州画派特色景观带
4 扬州宗教特色景观带
5 扬州民居建筑、扬州街巷风貌特色景观带
6 扬州彩灯和灯谜特色景观带
7 扬州戏曲、广陵琴派特色景观带
8 制盐业、食品工业特色景观带

争因素的存在使得各要素之间的地位和作用有所不同,存在这一时期对绿地景观风貌起关键作用的核心要素,也存在起基础和辅助作用的要素。在规划中合理利用这种非平衡作用使得系统中的涨落放大,将竞争转化为协同,城市绿地景观风貌才能达到一个更高层次的稳定状态。如谷康等在扬州市城市绿地系统规划中,在定性分析的基础上,运用层次分析法对城市绿地系统特色景观资源进行明确的界定,分为 2 个层次等级:Ⅰ类如瘦西湖、古城遗迹、湿地景观等,在绿地景观中可进行大面积、高频度的重点运用;Ⅱ类包括扬派盆景、扬州剪纸、扬州街巷风貌等,可进行辅助特色表达(图 3-2),规划景观资源位置与运用,对《扬州市城市绿地系统规划(2004—2020)》提出优化建议,这是从要素着手进行绿地风貌改善的很好实践[50]。

3.2.4　分层次控制——宏观与微观相结合

系统的层次性反映的是系统内部要素之间纵向联系差异性之中的多种共性,是统一性之中的多样性以及多样性之中的统一性。系统的不同层次,往往发挥着不同层次的功能。一般而言,底层系统的要素之间具有较大的结合强度,具有更大的确定性,而高层次系统的要素之间的结合强度则要小一些,具有较大的灵活性。从较大的灵活性到较大的确定性,就需要分层次进行控制。

城市绿地景观风貌规划中,可以将总任务、总目标分为宏观层次、中观层次和微观层次。宏观层次是灵活性最大的最高层次,包括城市绿地景观风貌目标的确定,各景观风貌结构的确立;中观层次次之,包括景观风貌区、景观风貌轴等结构载体的规划;微观层次则是确定性最大的最低层次,包括各具体的绿地景观要素规划引导细则。其中微观层次是最快、最直接的控制层,直接与被控制对象和过程发生联系,从而得以高效、确定地进行控制,但微观层次却是在宏观、中观层次的控制、引导下得出的,所以宏观与微观相结合,分层次相对应地进行控制,也是规划中须遵循的重要指导思想。

如金广君等在深圳龙岗区城市风貌特色研究中,通过对全区风貌特色的基础调研,从宏观、中观、微观3个层次分别对次区域、城区和重点地段进行研究。次区域层次规划即分析评价城市环境,提出整体设计战略结构,并进行风貌特色分区,分为自然人文片区和城区人文片区,分别提出"一核两心,三带一线一边界"及"三核九心,两带两线"的结构;城区层次规划选择大鹏城区进行分析评价,编制相应控制导则,而重点地段则选择龙翔大道进行控制导则的编制[51]。

3.2.5　以结构促功能——稳定与发展相结合

系统结构功能相关律指出,结构和功能是系统普遍存在的既相互区别又相互联系的基本属性,两者相互关联、相互转化。系统的结构是系统功能的基础,系统功能依赖于系统的结构。因此只有系统的结构合理,系统才能具有良好的功能,才能得到良好的发挥。系统结构与系统功能相互联系、相互制约,结构保障功能的体现,而功能随着环境的变化而在适应环境的过程中发生变化,这种变化又会对系统结构提出改变要求,以拥有更完善的功能,适应性更强,外界环境总是在不断变化中,因此系统结构功能的稳定将会不断被打破,重新建立稳定秩序。整个过程也使得系统的自组织得以实现。系统的结构和功能就是在稳定与发展的过程之中统一起来的。

城市绿地景观风貌规划中,要善于利用结构与功能的相互关联关系。

功能在外,结构在内,结构的完善必定带来功能的提升,功能的不突出也预示了结构的不合理。当自身的绿地景观结构混乱无序,与梳理城市绿地景观资源、完善城市风貌功能相悖时,需要适当调整以使结构与功能相适应,达到相对的稳定状态,如建立合理的、文化特色明显的绿地景观结构,连接破碎的绿地景观;而当环境对功能提出新的要求如树立城市特色品牌时,其结构也需要进一步加以完善,但这时的结构调整就应注重绿地基础设施结构的完善和市民素质、心理结构的提升。城市绿地景观风貌系统要注重在稳定中求发展,这是一个长期的过程。

3.2.6 注重信息反馈——内因与外因相结合

信息表现了物质和能量在时间、空间上的不均匀分布[52],反馈实质上可以理解为将结果重新作为原因,并影响进一步的结果。信息反馈的两种基本形式是正反馈和负反馈。负反馈是使得系统的运动和发展保持稳定的因素,而正反馈则使系统越来越偏离既有目标值,甚至导致原有系统解体。信息反馈也是系统开放性原理的表现,正是因为内因和外因的综合作用,才有了正、负反馈相辅相成、相互转化,推动系统的发展。

城市绿地景观风貌是一个不断与外界进行作用的开放系统,城市绿地景观风貌系统的演变也是信息控制的过程。系统内部构成要素与外部影响要素相互作用,城市发展、政府决策、绿地管理等外部要素不断影响内部要素的组织安排,内部要素的基础层次也能影响外部要素使其进行调整,两者的相互作用是相互协调的过程也是信息传递、反馈的过程。前期城市决策者的意见信息经由设计者阐述、理解,以图纸规划的形式表现出来,在征得市民支持和领导专家批准的负反馈后,施工实践将其转为实体。项目实施后对城市绿地景观风貌是否达到既定目标的分析又是信息反馈的过程。既存在其他城市风貌系统要素调整的负反馈,又有着绿地管理跟不上、基础设施建设不够健全等正反馈,正确利用正、负反馈的相互联系,全面分析影响正负反馈的内因与外因,对规划实践进行评价、检验和管理总结,使得正反馈转化为负反馈,从而也更有利于城市绿地景观风貌系统建设的循序渐进和良性循环。

3.3 城市绿地景观风貌规划内容

对于不同类型、不同层次的城市,城市绿地景观风貌的研究战略和规划策略也应该有所不同,因此规划前应先确定城市绿地景观风貌规划的层次,是城市级还是城区级。本书所探讨的城市绿地景观风貌规划研究,主要在于总结其一般性规律和模式。根据前文对城市绿地景观风貌系统以及基于系统论规划指导方法的研究,得出城市绿地景观风貌规划主要分为前期、中期和后期 3 个阶段。其中,规划前期包括基础调研阶段——要素分析、风貌定位阶段——目标功能分析,规划中期指风貌规划阶段——层次结构分析,规划后期包括导入实施阶段和控制管理阶段(如图 3-3)。各个规划阶段的规划内容以及与其他规划的关系都各有不同,下文分别做出分析和总结。

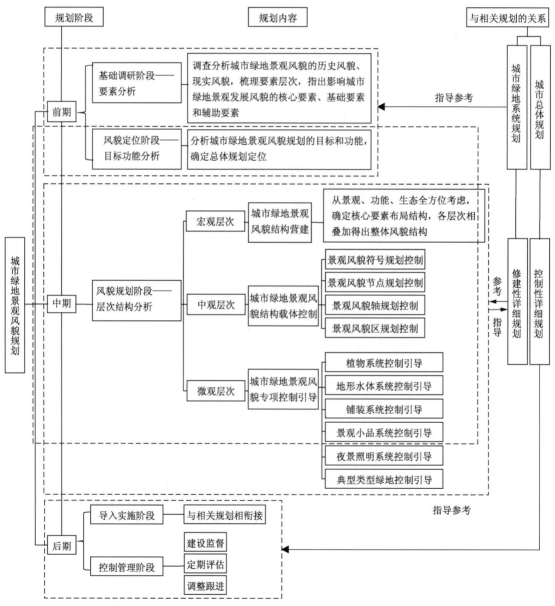

图 3-3　城市绿地景观
风貌规划程序

3.3.1 基础调研阶段——要素分析

3.3.1.1 规划内容

基础调研阶段是整个城市绿地景观风貌规划的基础和依据,贯穿此阶段的是基础资料收集与现场调研工作。基础调研阶段规划内容包括调查城市绿地景观的历史风貌;调查、分析城市现状各处绿地资源,总结城市绿地景观风貌的现实风貌,提出现实风貌所存在的问题;在详细调查研究自然、文化、人工构成要素的基础上,梳理要素层次,指出影响城市绿地景观风貌的核心要素、基础要素和辅助要素。对城市绿地景观风貌和现状了解得准确与否,对随后所展开的各项工作的质量会有很大的影响,若缺乏基础调研这一阶段,城市绿地景观风貌规划只是纸上谈兵。

3.3.1.2 调研方法

基础资料收集可以查阅相关政府规划资料以及与城市绿地景观风貌规划课题相关的各种资料文献,分析其可用价值,为整体规划提供素材和灵感的源泉;现场调研以实地考察为主,配合照片、文字和徒手描绘等,主要对城市的历史沿革、地理环境、区域地位、经济发展、城市土地利用、城市定位、城市标志、各处城市绿地景观、城市未来发展风貌意象等与城市绿地景观风貌相关的信息进行考察调研,从而对整个城市绿地景观风貌有整体的了解,确定未来规划和发展的方向,做出既符合城市实际又符合市民愿望的规划。

3.3.1.3 要素层次控制方法

要素层次控制建立在对要素在城市绿地景观风貌系统中所起作用的认知评价的基础上。本书选用问卷调查结合口头访问的方法,收集公众对城市风貌要素的感知信息,以认知模式的公众偏好法为理论基础,对城市绿地景观风貌系统要素进行分析评价,提出核心要素、基础要素和辅助要素,更加强调人的主观感情、期望和感知。调查问卷是评价中经常采用的一种非量化方法,能够方便快捷地取得人群对要素景观的感知和感受,反映人群的偏好,从而有效地决定不同构成要素的层次。认知评价模式的心理学基础是格式塔心理学和知觉心理学,强调认知的心理过程和原因,对景观的评价以"可解性"和"可索性"为标准,"可解性"指风景有可以被辨识和理解的特性,"可索性"指具有不断地被探索和包含多信息的特性[53],与凯文·林奇对城市空间环境的"易识别"和"可意象"评价标准一致。但是由于这种方法强调极其个人的、感情的因素,缺少主观感受和客观景物之间的明确联系,所以它建立在受调查人所表达的对城市绿地景观风貌构成要素的喜好度与风貌的吸引力相关联的假设上。在后文的武进中心城区绿地景观风貌规划要素分析中将进行详细的实践分析。

3.3.1.4　与其他规划的关系

城市绿地系统规划和城市总体规划在基础调研阶段中起着指导和参考的作用,城市总体规划决定了城市的各职能区块分布、城市的发展目标和方向,而城市绿地系统规划决定了城市未来十年中绿地的布局,其指导思想也是城市绿地系统风貌规划中需要参考的,基础调研阶段中需详细研究上层规划中与之相关的内容。

3.3.2　风貌定位阶段——目标功能分析

3.3.2.1　规划内容

城市绿地景观风貌定位就是规划城市根据资源、市场等优势,通过有效的研究和宣传,在市民心目中树立起城市绿地的独特风格和吸引特质,是风貌规划塑造城市品牌的关键。基础调研阶段是导入城市绿地景观风貌规划的前期工作的阶段,一旦拟定风貌规划实施战略,首先要明确了解系统规划的目标和功能,也就是本城市通过绿地景观风貌规划是要解决什么问题? 未来城市的绿地景观风貌发展将朝什么目标迈进? 城市的绿地景观发展风貌又是怎样的? 即风貌定位阶段的规划内容。

3.3.2.2　风貌定位方法

城市绿地景观风貌的品质是通过人对绿地景观的感受这一过程而认知的,风貌定位的差异主要由以下3个要素决定:客体城市绿地景观风貌的组成要素,核心要素有效、准确地表达到绿地景观中的渠道,主体大众感知。城市绿地景观风貌的定位首先应在客观上要简洁,能高度概括出当地自然、人文景观资源的特色和优势,易于理解便于传播;其次在主观上要进行适当的艺术抽象,营造意境体现品味,更要反映出当地居民关于绿地景观风貌的价值目标和精神风貌[54]。对政府来说,风貌定位是城市绿地景观甚至城市旅游的广告;对市民及旅游者来说,它是刺激市民与绿地景观互动及旅游者旅游欲望的催化剂,是联系人与绿地景观认知的纽带。根据城市旅游形象定位方法,总结出城市绿地景观风貌定位方法主要有以下几种[55](表3-1)。

(1) 领先定位　领先定位适用于那些拥有独一无二绿地景观资源的城市,城市先天独具的基础资源直接影响未来绿地功能的走向。海滨城市的风貌定位倾向旅游观光之功能,历史古城的风貌定位倾向于代表文化,商业发达城市的风貌定位倾向于现代开放,会议展览城市的风貌定位倾向于展示文化等。

(2) 依附定位　通过"第二位"的形象定位与原有深入人们心中的第一位形象相依附,包括定位成功的本城市形象或其他城市的绿地风貌形象,能够在短时间内达到不错的宣传效果,但需避免没有创新的抄袭和复制。

(3) 空隙定位　空隙定位的核心是树立一个与众不同的绿地景观风貌形象。各城市的绿地景观风貌定位受各种因素影响,进行绿地景观风貌定位前需考察同一地域内绿地景观风貌的功能和景观定位,找准空隙和突破点,才有利于规划和营建独特的城市绿地景观风貌。工业发达的城市其绿地景观可侧重体现工业文明风貌,如青岛的青啤工业园、海尔工业园;农业发达的城市其绿地景观可侧重体现农业文明风貌,如烟台的农业示范园等。城市间层次鲜明、互为补充,又有差异、不失特色。

表 3-1　城市绿地景观风貌定位方法列举

方法类型	具体做法	代表城市	口号
领先定位	活用名言佳句	北京	不到长城非好汉
		桂林	桂林山水甲天下
	凸显悠久历史	广州	一日读懂两千年
		绍兴	古越胜地,诗韵水城
依附定位	类比国外名胜	咸阳	中国金字塔之都
		肇庆	肇庆山水美如画,东方日内瓦
空隙定位	独特地理优势	南通	追江赶海到南通
	彰显历史名人	曲阜	孔子故里,东方圣城
	独特旅游体验	民俗文化村	每日定时举行"民俗秀"
机会定位	抓住建设机遇,突出自身特色	珠海	浪漫之都,中国珠海
		长沙	多情山水,天下洲城
		常熟	世上湖山,天下常熟

(4) 机会定位　机会定位即重新定位,指针对城市绿地景观风貌发展的生命周期或城市发展中市场需求的变化,以新形象替换旧形象,从而占据一个有利的位置。城市绿地景观风貌自身是处于不断发展变化中的系统,城市系统的变化对城市绿地景观风貌系统提出新的功能要求时,也要抓住变化,调整结构,实现突破,从而达到平衡。如北京在申办 2008 年奥运会期间,提出"新北京,新奥运"的宣传口号,成功扭转了国际上对老北京传统形象的认知偏差;2010 年上海世界博览会则提出"城市,让生活更美好"的口号,提升了城市风貌形象。

3.2.2.3　与其他规划的关系

为了准确进行风貌定位,本阶段除了本城市的城市绿地系统规划和城市总体规划对其起着指导、参考的作用外,还需要尽量多地参考研究周边城市以及定位成功城市的城市绿地系统规划和城市总体规划。

3.3.3 风貌规划阶段——层次结构分析

3.3.3.1 规划内容

城市绿地景观风貌规划是城市绿地景观规划的核心内容,是根据基础调研和风貌定位确定系统的层次结构的过程,是指导城市绿地景观风貌实践的理论依据。根据系统分层次控制的原理,城市绿地景观风貌规划从宏观、中观和微观 3 个层次来解决不同尺度的问题。结构是功能实现的必要手段,首先从宏观层次上构建城市绿地景观风貌的结构,有利于风貌建设的条理化和清晰化,易于协调绿地与其他城市景观风貌构成要素如建筑、街道等的关系[56];其次,中观层次上实现对城市绿地景观风貌载体的控制,包括景观风貌区、景观风貌轴、景观风貌节点和景观风貌符号,这也是整体结构的详细补充控制;最后,在微观层次上,对城市绿地景观风貌进行专项控制引导,一是对构成城市绿地景观风貌物质的显质要素进行专项引导控制,包括植物、地形水体、铺装、景观小品、夜景照明,二是选择公园绿地、生产绿地、防护绿地和其他绿地景观风貌类型中典型的绿地,从功能主题、景观风格、植物配置、地形水体、铺装设计、景观小品、夜景照明等各方面进行控制引导。整体层层控制,互为补充,既能突出城市风貌的重点,主次分明,又能带动全局,推动城市整体风貌的发展。

3.3.3.2 宏观层次——城市绿地景观风貌结构营建

结构强调的是事物之间的联系,城市绿地景观风貌是自然要素、人工要素和人文要素之间相互作用的抽象写照[21]。城市绿地景观风貌结构营建时从景观、功能、生态等角度全方面考虑确定核心要素布局结构,再将各层次结构叠加整合得出整体风貌结构布局。结构布局应遵循的方法和原则如下。

(1) 理性有序 层次结构布局时应充分考虑城市工业用地、居民区用地、道路系统、自然生态环境条件等各方面因素,尽可能地利用原有的水文地质条件,发挥自然环境条件优势,形成相宜、均衡的核心要素布局结构体系,使规划更趋理性化。如南京市根据自然地貌,东北有紫金山,西北有长江,北有玄武湖,南有莫愁湖,宁镇山脉绵延起伏环抱市区,周围河湖纵横交错,有秦淮河贯穿市区,城内还有清凉山、石头城,形成心、网、轴、环、片相交的混合布局。

(2) 重点系统 对于城市绿地景观风貌的自然和人文景观要素进行结构布局时,要做到重点突出,以点带面进行辐射。如人文景观要素以发源地所在地为中心进行辐射,而自然资源则根据绿地的重要性分别进行重点控制、基础控制和辅助控制,使规划更加系统。

（3）渗透连续　景观生态过程和格局的连续性是现代城市生态健康和安全的重要指标[57]。建设合理的城市绿地景观风貌结构,不应该只是提升一两个公园或增加一两块绿地,而应把它们相互联结起来,把绿渗透到城市的每个重要角落,建成绿地生态网络,使其成为绿地景观风貌生态形成过程和格局的有机组成部分。绿地生态网络是以城市绿色开放空间为基础,由具有生态意义的绿地斑块和生态廊道所组成,与城市建设用地互为图底关系[58],形成全方位的、连续性的城市景观。如珠三角绿道网,其建设以 2010 年亚运会和 2011 年世界大学生夏季运动会为契机,以广州和深圳的绿道实践为先驱,绿道网共有 6 条主线,总长约 1 690 km,贯通珠三角三大都市区,根据各地域人文景观、自然景观的不同特点,遵循人的需求,将分散的绿地景观与自然生态融为一体,渗透融入居民生活,为建立景观多样、风貌独特的绿地景观奠定了坚实的基础[59]。

3.3.3.3　中观层次——城市绿地景观风貌结构载体控制

城市绿地景观风貌结构载体是系统中要素、结构和功能都占据一定优势并发挥一定主导作用的部分,风貌载体以空间维度结构为基础,有景观风貌符号、景观风貌节点、景观风貌轴和景观风貌区四类。在这一层面,点、线、面相互联系,在对每一个区、每一条轴、每一个节点甚至每一个符号进行规划时,或者维持原有风貌,或者有所提升强化,或者营造新的特色风貌,以完善城市绿地景观风貌结构。在中观层次按控制范围从大到小分别对景观风貌进行规划控制。

1) 景观风貌区的规划控制

一个景观风貌区由一个或多个街区组成,街区有大有小,绿地组成数量和空间体量有大有小,经过整体规划和设计的景观风貌区往往能形成统一的绿地景观,统一反映城市的文化和精神内涵。景观风貌区规划控制指对城市中风貌完整具备共同特征的街区中的绿地景观进行规划控制。不同城市绿地景观风貌区反映的风貌特色的趋向和强弱是不同的,一个城市绿地景观风貌的好坏与城市绿地景观风貌区的好坏息息相关。按城市在发展中形成的区域性以及城市功能的不同可将景观风貌区分为历史风貌区、现代都市风貌区、行政办公风貌区、高品质居住风貌区、工业风貌区、教育科研风貌区以及其他特色景观风貌区。

（1）历史风貌区　历史风貌区指城市中具有深厚的历史沉淀和强烈的文化内涵的风貌区,如城市的历史街区,其建筑的年代感和格局的独特性都展现着城市的风貌特色。独具风格的历史风貌区是影响城市风貌的重要区域。在进行历史风貌区绿地景观风貌规划时,从景观之"风"和景观之"貌"两方面着手。景观之风的塑造提升上,绿化应与整体环境相协调,小品设施应具有统一的设计风格,融入文化标识性;分析并引导传统格局下形成的室外活动方式,利用绿化适当控制游人数量,杜绝过分喧扰的商业活动。景观之貌的塑造提升上,绿化应尊重原有的空间肌理和空间尺度,配合主体元素进行绿化,竖向上树木高度与道路宽度、建筑高度相适应,横向上点缀适当的绿地、小品、水景空间等。如上海的豫园、城隍庙一带的传统风貌区,强烈体现了中国的传统建筑的风貌,也是上海的标志景点之一。

(2)现代都市风貌区　现代都市风貌区以商业环境设施为基础,给人们提供舒适的购物环境,并兼具休闲、娱乐、餐饮、文化服务等功能,也即商业风貌区。商业活动集中体现了人类的社会属性,商业风貌区是城市中最为繁华热闹的区域,集中反映了城市发展水平和居民精神风貌。商业的发展多以河流和道路为中心,滨水绿地和道路绿地的空间环境品质体现了该区绿地景观风貌的品质。现代都市风貌区景观之风的塑造提升上,应强化其现代、简练、精致的绿地风格,以规则式结合自然式,以体现浓厚的商业气息。景观之貌的塑造提升上,绿地空间的处理上应考虑人们行走和停留的节奏,相应地在停留的地段设置小型绿地休闲空间,增加行进的趣味性和可达性;应以步行空间为主,有条件的地段可设自行车游憩道,绿地与散步道结合,建设多个绿色休憩空间,提升整个区域的价值品位;不同功能的区域之间设绿地空间进行分隔,避免不相关活动的入侵而降低了风貌区的活力;铺装、坐凳、小品精心布置,有统一的意象,吸引人们驻足。

(3)行政办公风貌区　行政办公风貌区指城市中各政府机构及社会各团体所在的地方,往往集中在一起,具有强烈的政治意味,是城市中各种决策制定、协调和管理的场所。行政办公风貌区绿地景观风貌的景观之风的塑造提升上,以大气稳重为主,提炼城市精神文化代表元素置于绿地中,展示城市的发展状况。景观之貌的塑造提升上,注意稍大尺度绿地空间及广场的配置,形成一定的集散空间,缓和建筑空间带来的压迫感,也可从中体现亲民的特点;绿化整体空间不宜太多,植物的运用以本地植物为主,不宜太多太杂,多设置安静活动区域。

(4)高品质居住风貌区　高品质居住风貌区指城市中居住区集中的区域,承担着城市中市民居住以及衍生的商业、教育、休憩等功能,环境较为安静。高品质居住风貌区绿地景观风貌主要由区域内的公园绿地和道路绿地呈现。其景观之风的塑造提升上,绿地景观风貌应以舒适宜居为目标,一切以人为基本出发点,各公园绿地应有不同的功能定位,适应不同的人群需求,以塑造生活氛围浓郁又兼具多种休闲功能的绿地景观。景观之貌的塑造提升上,绿化应注重多层次生态植物景观的营造,四季皆有景可赏;注重无障碍设施的营建;绿化设施小品等应精致舒适,可根据公园主体有多种形态;绿色廊道的建立可给居民提供休闲健身、聚会交流的空间;区域边界处注意绿化围合,保证市民居住的安静需求。

(5)工业风貌区　工业风貌区指城市中工业集中的区域,包括传统工业区、高科技工业园区和开发区等。工业风貌区绿地景观主要由防护绿地承担,传统工业区因绿化较为落后,几乎没有绿地,高新工业区则在规划之初就加重了绿化的比例,与工业厂房、烟囱及管道等形成了独具风貌的区域。在景观之风的塑造提升上,绿地景观风貌应以现代生态为目标,以防护为主,以改善工业区的环境。在景观之貌的塑造提升上,水环境的整治与改善是最为重要的,传统工业园区的发展必然离不开水;绿化以规则式为主,植物种类应选择兼具防护与观赏功能的树种;传统工业区中可利用工业旧址中的旧材料如砖瓦、钢管等作为绿地中铺装、小品等的材料,而高科技工业园区中可点缀与产业相关的小品,如此既有浓厚的工业韵味,又能变废为用,增加景观的趣味性,提升整体环境的品质。

(6)教育科研风貌区　教育科研风貌区指城市中教育文化集中的区域,包括大学城、图书馆、美术馆等,承担着教育科研、文化展示及休闲游憩的功能。教育科研风貌区绿地景观主要由公园绿地等承担。在景观之风的塑造提升上,绿地景观风貌应以人文舒适为目标,突出教育科研之景观特色;保持区域活动的纯度与强度,避免商业活动的侵扰。在景观之貌的塑造提升上,该区域绿地的使用人群多为师生和周边居民等,绿地空间的设计应保持开敞,可塑造不同功能的活动空间;小品、设施等设计从精致和人性化出发,点缀出宜人、安静的绿化氛围。

(7)其他特色景观风貌区　其他特色景观风貌区指城市中具有其他职能的区域景观,如机场物流区、自然风景区等,一般位于城市中心城区以外,也是组成城市风貌中重要的一部分。机场物流区由于人流较为单一,且停留时间并不长,绿地景观风貌营建时应注重高效生态的特点,强化其防护功能;自然风景区的显质自然属性较强,绿地景观风貌营建时应尊重原有的自然肌理,适当增强其隐质文化属性,注重保护的基础上有条理地进行旅游开发。

各景观风貌区中绿地景观各有特色,相互配合,其发挥的作用有大有小,历史风貌区最能代表城市风貌特色,与其他风貌区共同组成城市绿地景观风貌。但风貌总是处在动态变化之中,作用的大小也会发生转换,因此特色提出的同时也应注重特色的培育和发展。

2)景观风貌轴的规划控制

城市,以地形为骨架,以土壤为肌肉,以建筑为皮肤,以河流为血脉,以道路为经络[43]。河流、道路作为城市的"动线",联系着城市中不同区域内的绿地景观,其自身线形绿地景观作为城市绿地景观风貌轴,引导人

图 3-4　上海多伦路文
化街街景

们的观赏视线,是城市风貌特色形成的重要空间。

(1)道路景观风貌轴　按功能的不同道路景观风貌轴可分为观光型
道路景观风貌轴、生活型道路景观风貌轴、商业型道路景观风貌轴和交通
型道路景观风貌轴。道路景观风貌规划中建筑是最重要的因素,绿地景
观包括植物、雕塑、景墙、铺装、指示牌等,可辅助表达风貌特色。

观光型道路景观风貌规划时或弘扬地方文化和民俗风情,或充分挖
掘当地的名人文化资源,展示名人街景观。如上海多伦路文化街(图 3-4),
保留着鲁迅、茅盾、郭沫若、叶圣陶等众多著名文人的故居,引进了民间收
藏馆和博物馆等,还有许多以名人为主题的雕像等,已成为百年上海滩的
缩影,其独特魅力吸引着无数游客。

生活型道路景观风貌规划时,如位于历史街区可因地制宜,保留原有
街巷空间和格局,规划为安静、稳定的休闲空间,如北京的各色胡同景观,
绿化则起到画龙点睛的作用;如位于居住区之间,多为市民服务,游人较
少时,绿化及各基础设施则需要设计得更加精细,以满足居民近距离和慢
速行走中的观赏需求,夜景照明也不宜太亮。

商业型道路包括以北京王府井大街、苏州观前街、上海南京路等为代
表的商业步行街以及以美国纽约的华尔街、上海陆家嘴的金融商贸街为
代表的金融商贸街道,其绿地景观风貌规划应与商业氛围相融合,并赋予
其时代气息。被誉称"哈尔滨第一街"的中央大街的保护与改建相结合,
其独特的欧式风格建筑给这条商业街带来的生命力固然无可替代,但绿
地景观也为其增色不少(图 3-5)。街道在西十二道街以南栽植常绿乔木
松柏,以北以落叶乔木为行道树,高度适中,既能在夏季为行人遮阳庇荫,
又不会完全遮挡住观看两侧建筑物的视线;休闲区内以花盆、固定式花池
和雕塑综合造景,调整游人的观赏节奏,缓解视觉疲劳;地面铺装则保持着
1924 年由俄国工程师科姆特技·肖克(Kemutera Shock)设计的 18 cm 长的
小斧石花岗岩,很好地体现了其文化气息和历史价值;照明分为室外照明、
商业照明和路灯照明 3 个层次,灯具、路牌、沿街牌匾细部的规格形式、色彩

图 3-5　哈尔滨中央大街街景

尺寸统一设计,保证了中央大街的总体环境效果和谐统一[60]。

交通型道路景观风貌规划时树种选择以乡土树种为主,并注重植物造景多样性与观赏性的结合,以体现地域风情和植被文化。如深圳的深南大道(图 3-6a),以大面积规整绿篱,大片彩叶植物和花卉,密植的苏铁,挺拔的假槟榔、椰树等棕榈科植物为主,充分体现了南亚热带的地域风情[61];北京的道路绿化多以高大的杨、榆、柳、槐为骨干树种,搭配松柏等常绿树种,点缀花灌木,着重体现四季分明、雄浑壮美的北国风光[62];南京太平北路(图 3-6b)则以挺拔的水杉为行道树,配以红花檵木,与长江路的民国建筑风格相得益彰。另外,照明可满足功能要求,雕塑小品的设计因为不具备驻足观赏的条件,更多的是瞬间印象,适合通过简洁的造型和明亮的色彩传达通俗的信息。如青岛的东海路(图 3-6c)一侧临海,绿地景观以各式雕塑景观为特色,展示了中华文明和海之情,如结合滨海绿地设置了"爬上岸的小螃蟹""童眼看世界"等雕塑小品以体现海滨的乐趣[61]。

(2)滨水景观风貌轴　城市中的河流、湖泊及沿岸绿带构成了城市空间格局的骨架,成为城市的"蓝带""绿肺",是城市开放空间系统的有机载体,对整个城市的生态环境具有重要作用,也有助于强化市民心中的地域感,是城市的魅力所在。滨水景观风貌轴指城市中沿线形水域形成的绿地景观廊道。滨水景观风貌轴规划时主要从以下几个方面考虑。

第一,应当设置防洪设施,控制水位,改善水域生态环境,建立良好的

图 3-6　交通型道路景观

a 深圳深南大道　　　　　　　　b 南京太平北路　　　　　　　　c 青岛东海路

滨水栖息环境以获得景观的自我更新能力,单侧宽度在 20～50 m,可提高水域的可及性和亲水性,是保证滨水绿地景观风貌品质的前提。景观建筑师和城市历史学家们在关注波士顿的"翡翠项链"公园体系时都主要研究公园和绿地在中心城区和郊区之间的串联作用,而忽略了这一体系中的水域生态环境,设计者弗雷德里克·劳·奥姆斯特德(Frederick Law Olmsted)创造了沼泽(Fens)与河道(Riverway)公园,旨在解决波士顿后湾区(Back Bay)潮汐滩涂区的洪水和污染问题,为 Muddy River Valley 排污问题提供永久性的、整体性的处置。虽然公共休闲活动只是这项计划的副产品,但却实际提高了滨水绿地景观的风貌品质。

第二,规划时应从城市整体出发,以开敞的绿化系统、便捷的公交系统把市区和滨水区连接起来,把市区的活动引向水边,以保持城市肌理的连续性,避免将滨水地区孤立地规划成一个独立体。如设计中可以在滨水绿地外边界的建筑底层预留人行通道,或直接将底层架空,使游人能够顺利进入滨水绿地,即使在建筑内也可以感受到自然水域的氛围。

第三,提高滨水绿地景观的公共可达性,合理组织道路交通、公共交通、站点、步行交通、水上交通及码头等各项交通。可采用立面分层和水平分离的方法,将过境交通和内部交通分开布置。立面分层可采用交通地下化或高架散步道,如法国塞纳河岸域开发将捷运系统地下化,滨水区发展成拥有立体化交通的步行区,形成一条步行循环系统和步行网络;美国明尼阿波利斯市滨河规划项目利用人行道桥系统将车流与人流分开,避免游人受到车流造成的潜在危险[61]。水平分离则意在利用地形建立滨水散步道、人行道、自行车道、绿地、车行道一体化无障碍的步行系统,如上海外滩滨水区中山路人行道与滨江步行道之间的绿地(图 3-7)以高差不同的各朝向的斜坡形式为主进行组合,缓坡上栽种草坪和不同种类的花卉、高大的乔木等,可作为野餐、休息等场地,中间留有小路空间可以直接通向滨江步行道,强调安全性、连续性,也减少了机动车与非机动车之间的干扰[63]。

图 3-7 上海外滩中山路绿地

图 3-8 南京外秦淮河风光

第四，滨水绿地规划应关注居民的生活模式和活动模式，建立适合多种活动的场所和设施。滨水绿地活动包括散步、观赏、眺望等自发性活动以及集会、演出等社会性活动，也是对市民生活模式的延续。如南京外秦淮河(图 3-8)是南京这座六朝古都兴亡起废的缩影，滨水区的改造依据每段的文化资源和历史特色，分别定位为"江""山""水""林""城"，并开设水上游览线，每年正月举行灯会，已成为南京的绿色生态廊、历史文化廊、都市休闲地、城市风景线和旅游观光线，汇聚商业、观光、水上游览和集会等多种活动，增加了滨水景观的吸引力和生命力[16]。

第五，滨水绿地景观规划时驳岸的设计从生态出发，因势利导，以生态护岸为主，合理安排滨水平台和观景点，增加植物景观多样性，建立包括水生植物、地被植物、灌木及乔木在内的多样化植物景观，充分发挥水生植物在保持水质上的作用，并利用其观赏性设置滨水花境。应合理规划水岸两侧的城市滨水天际轮廓线，设置鲜明的地标性建筑，作为城市"边沿"的空间形态展示出来，常常成为城市的标志性景观，如戈雷格帝事务所为了恢复上海外滩天际线景观，规定新建筑若位于滨水第一层次，高度不超过 40 m，大小必须适宜，风格、肌理须与周边已有建筑相协调同一。对滨水风貌有负面影响的旧建筑须进行有机更新，如对影响地区风貌的建筑予以部分拆除。特别的是，美国圣路易斯的密西西比河畔设置一高达 192 m 的大拱门(图 3-9)，虽尺度超常，但也成为了圣路易斯特有的标志性景观，象征着美国人通过这个大门向西部扩展，也吸引着无数的游客。

3）景观风貌节点规划控制

景观风貌节点是城市绿地景观风貌结构浓缩的集中体现[64]，包括城市广场、交通性绿地节点、公园绿地等。不同主观个体对同一客观环境的感知不会完全相同，但感知方式都遵循一定的规律，往往对外部城市环境的感知是通过记忆片段的组合而形成的。在城市绿地景观风貌系统中，景观风貌节点是人流较为集中的集散地，也是人们形成记忆片段的重要参照物，因此合理规划景观风貌节点，开展各类风俗活动，有利于多层面、多视角展现城市绿地景观风貌特色。

图 3-9　美国圣路易斯
大拱门

（1）城市广场　城市广场是城市绿地景观中最有活力、最有标志性的部分,连接城市街道、公园、滨水景观等,强化了城市空间的整体性和连续性[65]。城市广场的设置是为了满足人们户外活动空间的功能需求,给人们提供交流、休息、娱乐、健身、用餐、集会、节日庆典活动、商业服务及文化宣传等多种活动的场所,是游客对城市形成认知的重要场所,也是展示城市文化的最佳舞台[7]。广场的形态是特定时期社会生活作用的结果,代表着一个时期城市文化的基本价值取向,反映了特定地段的地域人文特征和凝固于其中的精神内涵,广场上布置着设施和绿地等,周围一般都布置着城市的一些重要公共建筑,集中表现着城市空间环境面貌,反映出城市自身的景观特色和文化风貌。根据广场在城市中承担的职能不同,可以分为市政广场、纪念广场、交通广场、商业广场、市民广场5类。

① 市政广场　市政广场是市民进行政治集会、庆典活动的地方,一般位于市中心地区,通常广场上有像市政厅一类的重要政治性建筑占据着突出的地位,如北京天安门广场、上海人民广场[64]。市政广场是反映城市面貌的重要部位,在规划设计上应体现一种庄严气势的风貌,同时合理地组织广场内和相连接道路的交通路线,保证人流、车流安全、迅速地汇集与疏散,但应避免城市主干道的交通对城市广场的干扰。市政广场一般长与宽的比例在 4∶3,3∶2,2∶1 为宜,广场的宽度与四周建筑物的高度的比例以 3～6 倍为合适[66]。市政广场绿化要求严整,结构简单清晰,多为对称式布局,可设城市典型雕塑成为地标。

② 纪念广场　纪念广场指城市中具有一定纪念功能的广场,此类广场多与城市中纪念性建筑结合布置或单独选址,以对城市有重要意义的

图 3-10 德国犹太人大屠杀纪念碑群广场

人物或事件为纪念主题的广场,具有纪念、瞻仰、休闲、教育等多种功能,如唐山抗震纪念碑广场,郑州二七广场、上海五卅广场、美国华盛顿二战纪念广场等。纪念广场在规划设计上多采用规则式中轴对称的布局手法,以轴线组织景观序列,轴线焦点处设纪念雕塑或纪念碑、纪念塔等,以突出庄严肃穆的空间环境;植物配置上要善于运用植物的象征意义,如松柏代表坚贞不屈的意志,杜鹃代表大无畏的牺牲精神,万年青代表万古长青,等等;合理规划硬质景观与软质景观的色彩,如白色代表纯洁恬静,黄色代表思念,蓝色代表平和,常绿植物代表思念等[67]。如德国犹太人大屠杀纪念碑群广场由 2 751 根长短不一的灰色混凝土柱组成,由中心向四周逐渐扩散稀疏,石柱最高 4.7 m,最低不到 0.5 m,外侧由行道树与道路隔离,北部间或有零散的树苗。没有任何铭文和图形标志,混凝土冰冷的触感,材料本身的灰色,体现着一种让人不寒而栗的力量,使人产生悲伤的共鸣(图 3-10)。

③ 交通广场　交通广场是结合城市汽车客运站、火车站、机场等交通枢纽设置的集散广场,担负着交通集散、城市门户、城市形象窗口等职能。交通广场规划时分区明确,一般会设置站前人流疏散区、停车区、公交换乘区及其他区域,以严格区分人流和车流,绿化要求风格明快清新,形式简洁流畅,给人留下深刻印象。如南京火车站站前广场通过立体化的交通模式,有效缓解了地面交通压力,同时在玄武路上设置四车道的下穿隧道,将过境交通与站区交通进行剥离,从而释放了广场空间,使得站前绿化与玄武湖公园连成一片,晚间眺望对岸建筑景观时别有一番风味(图 3-11)。

④ 商业广场　商业广场指商业建筑或商业区附近以硬质铺装为主的集散地,规模和形式都较灵活,是商业建筑的扩展和延伸,具有人流集散、商业活动、休憩、娱乐等职能,如上海南京路世纪广场、南京新街口广场等。商业广场规划时通常与步行街相连,便于人们购物和人流、车流的分散,绿地景观包括树阵、座椅、草坪、小品等,布置均较为灵活,突出商业

图 3-11　南京火车站站前广场　　　　　　　　　图 3-12　北京西单文化广场

热闹的气氛即可,夜景设计丰富,包括功能性和景观性照明,与商业气氛相协调。如北京西单文化广场由特色植栽休闲区、中心水景和景观绿坡组成,改造中恢复了西单牌楼"瞻云坊",完善了景观轴线,整合了地下商业出入口与地铁衔接口,增加了人行便捷性,使之成为展示北京传统风貌的重要窗口和市民活动的重要公共空间[68](图 3-12)。

　　⑤市民广场　市民广场指为市民提供日常休闲活动、娱乐健身、交往表演等活动的场所,包括文化广场、生活广场、休闲广场等[69],如深圳市民广场,南京鼓楼广场、北极阁广场、汉中门广场(图 3-13a)、水西门广场,杭州市民广场,苏州圆融时代广场,美国波特兰演讲堂前庭广场等。市民广场设计时应注重与周边环境的协调,重视对人的行为心理特征进行研究,创造富有地域特征的广场,增强市民的认同感。绿化景观根据广场的主题确定基调,或自由灵活,或雅致大气,要尽量多地栽植大树,延长人们停留时间,提升广场的生活氛围。如广州海珠广场的改造就注重了通过本地树种来营造亲切宜人的氛围,其绿化全部采用市民基本都认识的乡土树种,以南方的榕树为主角,再加上本地树种木棉、紫荆、大叶紫薇、黄槐等,配以棕榈大王椰、鱼尾葵、散尾葵、美丽针葵等,共 30 多个品种,营造出市民熟悉亲切的氛围。为追求广场的遮阴效果,广场植物栽种以乔木为主,同时为突出植物的景观效果,广场四周还配以含笑、细叶紫薇等开花灌木,最底层则为草地,使广场呈现出高低起伏、错落有致的景观[70](图 3-13b)。

　　(2)交通性绿地节点　交通性绿地节点指位于城市中几条主要道路交叉口的交通岛绿地或城市入口区道路交叉口的交通渠化广场。由于交通组织的需要,行人和车辆往往会在道路交叉口短暂停留,故而该场所的环境特征一定程度上也代表着城市的绿地景观风貌特征。交通性绿地节点设计时应合理组织周边建筑,尽量使空间显得开阔,交通岛绿地上可布置大色块的花卉、观赏草或灌木,点缀景石等,体现城市特色的城市入口

a 南京汉中门广场　　　　　　　　　　　　　　　　　b 广州珠海广场

区可设艺术特色鲜明的城市标志雕塑作为进入城市的标志。

图 3-13　市民广场

（3）公园绿地节点　《城市绿地分类标准》（CJJ/T 85—2017）中城市公园绿地包括综合公园、社区公园、专类公园和游园 4 类[71]，是城市建设用地、城市绿地系统和城市市政公用设施的重要组成部分，是表示城市整体环境水平和居民生活质量的一项重要指标。本书中公园绿地研究范围不包括社区公园，而景观风貌节点的研究又是针对点状绿地的研究，所以景观风貌节点规划控制中公园绿地节点包括综合公园、专类公园和游园 3 类绿地节点。

点状空间设计时首先应当确定绿地的景观风格与功能主题，使得城市的具有文化特征的特色景观资源在绿地景观结构中逐级体现出来，将城市历史人文景观纳入现代生活空间中，成为延续城市文脉、沉淀记忆和寄托精神的场所[72]，成为城市不同级别的绿色骨骼框架。就其重要性来说，各类城市资源大致分为重要特色资源和一般特色资源，规划时应将具有国际、国内影响的重要特色资源整合到大型公园绿地和市级综合公园、重要专类园中；而一般特色资源可在区级公园、街旁绿地等中小型公园绿地中体现；其他资源则可集中体现在街旁绿地规划中，通过名称、意象等反映城市特色文化[73]。另外，针对各个绿地节点进行具体规划设计时，可参考《公园设计规范》（GB 51192—2016）。

综合公园一般面积较大，内容丰富，可结合城市特有的地形地貌、历史遗迹等优势，在尊重的基础上充分利用，使其具有游赏游憩、文娱休闲、运动健身、科普教育等多种功能，此时可使用功能分区布局的手法。

专类公园指围绕一个或几个主题而设计的绿地景观，通常具有明确的针对性，独立性强，包括儿童公园、植物园、动物园、体育公园、风景名胜区等，公园内各项要素都围绕某个主题展开。如迪士尼主题公园，在不同

图 3-14　美国纽约佩利公园

的城市都可以建造,是为了满足旅游者多样化休闲娱乐需求和选择而建造的一种具有创意性的主题游乐景观形式,给城市经济、旅游的发展带来巨大的推动。

游园就是指充分利用城市空闲土地,根据周围居住人群的特征建造适宜的休闲空间,各块绿地面积不大,数量较多,遍布于城市的各个角落,成为城市风貌最直接的景观载体。这种小型公园并不需要太多的游乐设施和高昂的养护费用,重点在于满足居民的舒适需求[74]。街头游园重在其精致,景观优美,能够吸引周围的居民到此游憩。例如美国纽约市中心的佩利公园(图 3-14),面积只有 390 m^2,建立在办公楼之间,却起着重要的休闲娱乐作用,其成功之处在于采用独特的设计理念,创造了城市的一小片景观效果良好的袖珍口袋绿地[75]。

4)景观风貌符号规划控制

符号美学认为,艺术作品之所以能够感人,是因为它们是实际对象的抽象形式,是一种既不脱离个别事物,又完全不同于经验中个别事物的更有意味的形式,这就是符号[76]。符号是信息的外在形式或物质载体,是信息表达和传播中不可缺少的一种基本要素。景观风貌符号是包含绿地景观信息并传达一定意义的载体和中介,是经过抽象了的空间和文化元素。景观风貌符号的运用,既受材料、技术条件的制约,同时也受时代和文化背景的影响,透过符号可以在一定程度上了解城市的文化精神和历史背景,是认识城市绿地景观风貌的一种简化手段。成为景观风貌符号后可以在绿地景观中反复出现,使人们在很多地方都能看到,也可以通过与邻近匀速的退让或高度变化建立对比关系,或者赋予其历史背景以产生共鸣。景观风貌符号包括以任何形式通过感觉来显示意义的全部现象,可以是城市范围内的标志,如雕塑、特定植物(市树、市花等)等,可以是区域范围下的标志,如铺装材料、景观小品等,使人们通过视觉上的感受而对城市绿地景观风貌产生心理意象。

市树、市花的符号可运用于城市重要线形景观、重要节点景观的植物

  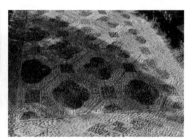

a 美国新奥尔良意大利广场　　　　　　b 美国德州威廉姆斯广场　　　　　　c 古典园林铺装纹样

图 3-15　符号运用

配置中,以增强人们的印象,如洛阳的牡丹、扬州的琼花、香港的紫荆花等;而雕塑或景观小品、铺装等风貌符号的提炼可运用视知觉原理方法,包括象征、隐喻和抽象[16]。象征是根据大家熟知的某些东西或现实生活中的具体形象加以夸张、变形以后而创造的。如美国查尔斯·摩尔设计的新奥尔良意大利广场,广场铺底为西西里岛底图,并以一圈圈的同心圆环绕加以强调,广场上引人注目的是一系列风格各异的古典柱式和拱门,柱式多加以变形,如在柱头、拱门等部分都刷以黄色、橙红色等亮丽的颜色,或用不锈钢包裹柱头,加上墙面上设计师本人的夸张头像,引发意大利人无限的乡情,带来强烈的象征意味[77](图 3-15a)。隐喻指采用特定文化中的特定意象所暗示的特定内涵。如德州拉斯考利纳斯市威廉姆斯广场,通过带状小溪及九匹以青铜创作的大于正常尺度的生态逼真的群马雕塑的设计,造成强烈的动感,模拟骏马在水溪中飞奔的场景,隐喻空旷的草原景观及牛仔生活,表达了设计师对其深深的追忆(图 3-15b)。抽象是采用经过抽象的图案化符号对自然景观或人文积淀的表达。如中国古典园林中常用蝙蝠、铜钱、桃的图案花纹代表福禄寿,或雕刻于门上,或铺于路面上(图 3-15c)。

3.3.3.4　微观层次——城市绿地景观风貌专项控制引导

1) 植物

在城市绿地景观风貌系统中,植物是最为基本的元素,对城市风貌的塑造有着不可取代的作用。区域内的植物在很大程度上受到自然气候和地域特征的影响,不同区域可选择的植物品种也有差异。城市绿地景观中,景观主题的定位往往建立在城市特有的资源之上,植物配置应尽量选择具有能够代表本土特色的乡土植物,同时考虑植物的观赏特性以及与场所周边环境和绿地景观主题,合理选择植物,体现植物品种和习性的多样性,既体现景观差异性,又具有生态丰富性,不仅能营造良好的外部空间小气候,而且能烘托场所气氛、突出场所主题,创造出含义丰富的不同意境。城市树种选用时,建议北方城市绿化以落叶树种为主,常绿树种的比例应控制在 30% 左右,南方常绿树种的比例应控制在 45% 左右[78],以取得三季有花,四季常青的效果;以乔木为主,一般占 70% 以上;速生树种和慢生树种的比例控制在 3:2 左右;营造乔木、灌木、地被和水生植物多层次的复合生态景观。

2)地形水体

城市绿地景观地形设计中,应考虑原有地形,因地制宜,与整个场地的竖向设计相结合;根据绿地功能分区的不同来处理地形,不同的地形有各自的性格特征,带给人们不同的意义和感受,如游人集中的地方和健身活动广场,要求地形平坦,而登高眺望,则需要有高地山冈等;应有利于园林地面排水;要考虑坡面的稳定性,为植物栽培创造条件。

城市绿地水景设计时,应统筹规划,整体布局。首先,分析水景建设的可行性,了解水景所在的绿地基底是否具备自循环的条件和能力。其次,采用节约型设计,合理利用雨水与中水,分析水景所在场地雨水、中水的回收和利用的条件,根据雨水与中水水源的补给能力来确定适宜的水景面积、设计体量合理的绿地水景。最后,具体设计中应选用低能耗设计方案和设备,对于城市绿地中的动态水景,可以针对其动力系统与水流系统进行分组设计,并与微电脑控制系统相结合来控制水景的运行时段。在日常只开放水景的基本组分以维持必要的景观效果,在节假日与庆祝活动时再开启水景的其他组分,以形成良好的景观[79]。

3)铺装

人们在绿地景观中无论行走还是休息,接触最多的是地面。城市绿地景观中铺装材料多种多样,常见的有沥青、混凝土砌块、各种石材、砖、木、彩色塑胶等[80],在铺装选用上有几点要求:满足不同路面的荷载强度需求,耐久耐磨损;平坦防滑,晴天不反射阳光,雨天不打滑,在炎热地带要有良好的耐热性,在寒冷地带要有耐寒性;良好的透水性,尤其是人行道上的铺装要以防不安全因素的存在;以人为本,完善道路无障碍设计;铺装面的色彩和图案尺度的选择可根据绿地主题和景观风格来确定,与之相协调并有一定的促进功能;考虑后期维护修补的经济性因素。

4)景观小品

景观小品是城市绿地景观风貌系统中的点缀和活跃因素,如雕塑、园林建筑、座椅、电话亭、垃圾箱等。造型独特的景观小品在满足人们使用和欣赏需求的同时,也装点着城市绿地空间环境。同一区域之中的绿地景观,使用同一类风格、色彩、形式的景观小品,有利于绿地主题的引导和表达,也有利于良好城市绿地景观风貌的形成。

5)夜景照明

良好的夜景照明体系能显著改善城市绿地景观风貌,不仅可以为城市居民提供安全、舒适的夜间活动环境,同时也可以营造富有吸引力的、有城市特色的夜间公共空间环境,有力地促进城市商业、旅游业等行业的发展。夜景照明包括功能照明和景观照明。夜景照明设计引导包括以下3个方面[77]:一是照度分区,一般规律为市民及游客公共活动活跃程度越高的区域照度越高,交通功能性越强的道路照度越高,最高照度区为现代都市风貌区、城市干线道路、重要绿地节点、重要出入口等,次高照度区为行政办公风貌区、历史风貌区、城市次干道、主要城市广场等,中等照度区为工业风貌区、教育科研风貌区、城市支路、主要绿地节点等,低照度区为高品质居住风貌区等;二是光色分区,可分为高色温区(偏蓝白色)、次高色温区(近天光色)、中色温区(近日光色)和低色温区(暖黄色),生活性强的区域和道路采用较低的色温,功能性强的区域和道路采用较高的色温;三是气氛分区,可分为高度活跃气氛区、中度活跃气氛区、低度活跃气氛区和非活跃气氛区,公共活动越集中的区域,灯光气氛越活跃。照度、光色和气氛分区是相互联系的,照度越高,色温越高,气氛越活跃;反之,照度越低,色温越低,气氛越不活跃。

6)典型类型绿地控制引导

针对性地选择公园绿地、生产绿地、防护绿地和其他绿地景观风貌类型中典型绿地,从功能主题、景观风格、植物配置、地形水体、铺装设计、景观小品、夜景照明等各方面进行详细的控制引导。

3.3.3.5 与其他规划的关系

风貌规划阶段是整个规划的主体内容,在进行城市绿地景观风貌结构以及载体控制时以城市详细规划中相关内容作为参考,而城市绿地景观风貌中专项规划又能直接指导城市建设,也是对控制性和修建性详细规划的补充规划。

3.3.4 导入实施阶段

城市绿地景观风貌规划结束后,往往要求立即行动,而不是停留在图纸上的文字,导入实施阶段就是城市绿地景观风貌系统规划中规划设计与施工管理相衔接的阶段,因此就显得非常重要了。为了使设计控制更好地指导项目建设,也使开发者更好地理解设计意图,在此阶段需解决两个问题:一是城市绿地景观风貌规划怎样与相关规划相衔接? 二是规划实施的方法又是怎样的?

1)与相关规划相衔接

城市绿地景观风貌规划是一个动态的过程,也符合系统的运动发展规律,在与总体规划和详细规划的不断衔接补充中,逐渐得以完善。一方面,城市绿地景观风貌与总体规划目标相一致,与控制内容相承接,与发展时序相吻合,总体规划为绿地景观风貌提供指引与限定,已编制的控制性规划与修建性详细规划中涉及绿地景观风貌内容的部分要纳入城市绿地景观风貌规划中,作为片区绿地景观风貌控制的依据;另一方面,城市绿地景观风貌规划又为总体规划提出了新的思路和方法,对新一轮总规的调整及编制提供了有效的信息,未编制控制性规划与修建性详细规划的片区需要以景观风貌规划控制内容为管理依据,在未来的城市风貌整治中逐步实施。这种动态的管理框架使得城市绿地景观风貌规划将城市总规与详规联系在一起,不断地调整与落实[45]。

2)规划实施方法

城市绿地景观风貌规划实施方法主要有从个体到整体、从重点到全面、近期与中远期相结合。首先,城市绿地景观风貌既不是短时间内忽然消失的,也不是一夜之间就可以恢复改造的,因此必须从个体到整体,即从单个绿地入手,调整绿地景观布局,逐步改造城市绿地景观,积累城市总体风貌意象,表达、传承城市文化传统和精神风貌;其次,从单个绿地入手,就需要确定从哪块绿地入手,可遵循从重点到全面的方法,在对城市绿地景观风貌规划后,确定对城市绿地景观风貌影响较大、较为重要的绿地进行塑造,或在对城市绿地景观风貌现状评价的基础上,重点改造风貌混乱的绿地,各个击破,全面覆盖;最后,城市绿地景观风貌整治需要经过时间的积累和考验,在前期重点区域绿地整治过后,绿地景观达到一个相对稳定的状态,但随着社会的发展,会对其提出更高的要求,就是中远期规划,因此规划须确定不同时期的工作目标和重点,不断完善和提高系统。

3.3.5 控制管理阶段

现阶段城市绿地景观风貌规划常作为城市总体规划或城市绿地系统规划中的一个专题研究,规划管理没有相应的保障,难以有效地落到具体实践建设中。绿地景观风貌规划成为独立的一项规划也更需要有相应的管理措施,也就是控制管理阶段须解决的问题,包括建设监督、定期评估、调整跟进三方面内容(图 3-16),这也是城市绿地景观风貌系统对正负反馈应用的检验,有利于系统的良性发展。

1)建设监督

首先,应该权责明确,确定城市绿地景观风貌规划的专职管理机构和

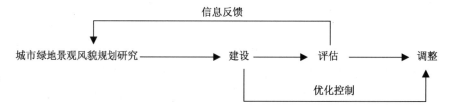

图 3-16 城市绿地景观
风貌控制管理

监督人员,在与城市分区控制、控制性详细规划、城市绿地系统规划等相关设计妥善衔接的基础上,严格控制城市绿地景观建设的风格,各风貌区内各要素建设风格须与风貌区定位风格相协调。

其次,在绿地景观风貌的施工改造过程中会存在一定的差异,施工现场的调整内容多种多样,设计图不可能完全反映出现状各种设施的情况。一旦有出入,应由设计方与监理方协商共同做出调整。

2) 定期评估

城市绿地景观风貌的实施效果受多方面因素影响,包括城市绿地实施后的实力形象和服务形象。实力形象指绿地的硬件配备,包括绿地环境、文化建设和绿地设施;而服务形象则指绿地的软件实力,包括管理水平和市民形象。实力形象在规划建设完成后其风貌已经形成,而服务形象对绿地景观风貌的影响却是潜在的、不可忽视的。根据城市绿地景观风貌建设实施的情况对其做定期评估,不仅需要政府部门的参与,更多的是需要引导市民自发地参与其中。

公众参与一方面可以加强社会监督,另一方面可以集思广益,对绿地景观存在的问题进行反思,及时调整。在城市绿地景观风貌系统管理的过程中,应逐步完善、深化城市绿地景观风貌群众参与机制与途径,充分发挥市民的监督和反馈作用。现在很多城市对于城市风貌规划信息的管理,已经采用"数字城市"技术,建立电子信息库,实现管理自动化。为公众提供信息咨询服务,能够有效提高城市风貌规划的管理水平和质量。这些措施为公众参与创造了条件,并将不断完善和发展,公众参与的反馈作用会越来越成为完善城市绿地景观风貌的重要促进因素。

3) 调整跟进

针对评价的不同结果,对城市绿地景观风貌系统进行调整完善,若绿地人文要素、人工要素和自然要素受损,导致城市绿地的旅游吸引能力较弱时,市民对其的利用率会降低,需要引入新的风貌发展观念,重新定位调整,推动良好风貌的形成;若绿地景观要素基本和谐,市民较多利用,有一定的旅游吸引力,可以适当引入活动设施、民俗活动等,增加绿地归属感;若绿地景观各要素和谐,形成了一定的知名度,吸引力较强,可进行长期的战略性规划,培育城市绿地品牌,打造城市绿地景观风貌知名度。

4 塑造有地方特色的城市绿地景观风貌——以武进为例

武进位于江苏省常州市南部,介于上海和南京之间,是一颗镶嵌在长三角经济带中的"苏南明珠"。2002 年,武进撤市设区,成为常州都市区的"金南翼",常州主城与武进各方面对接工作有序开展,城市道路系统和公交系统有机衔接,常州大学城逐步向新南翼布局等,也为武进的综合发展提供了契机。2006 年以来,武进的发展取得了瞩目的成绩,现代新城面貌初步显现,16.6 km² 核心区建设全面铺开,"八纵八横"城市骨架道路基本完善,快速公交(BRT)、南北高架等现代化交通设施开通运行。2007 年武进一举夺得"国际花园城市"金奖,2009 年武进春秋淹城荣获联合国自然类 LivCom 环境可持续发展项目金奖。

新时期武进作为长三角快速化交通体系中的重要一环,中心城区发展的核心目标定位于打造"国际""高品质""精致"城区,不断提升城市品质,由"花园城市"向"宜居城市"发展,由"文化分离"向"融汇创新"发展,由"千城一面"向"精致城区"发展。与此同时,第八届中国花卉博览会于2013 年在常州武进区举行,为武进城区的发展带来了新的机遇与挑战,也直接对武进中心城区绿地景观风貌提出了新的挑战。在这样的背景下,如何建设承载地方历史传统的精致的公共与文化空间,如何优化、改善中心城区环境,与新区建设相协调衔接,凸显城市特色,建设尺度宜人的精致生活空间,就成为研究如何建设具有本地特色的绿地景观风貌系统的背景与目的。

4.1 武进城市绿地景观概况

4.1.1 宏观层面——武进中心城区绿地景观风貌系统规划结构

风貌结构的确立有利于绿地建设的条例化和清晰化,有利于协调绿地与其他城市景观风貌构成要素,如建筑、街道等的关系。城市绿地景观风貌结构营建时将各种影响绿地景观风貌的因素进行景观、功能、生态全方位解读、提炼后,再有机地整合、叠加为表达城市精神气质的统一体。根据武进中心城区绿地景观风貌要素认知调查,提炼出 3 个层次——文化、花境、绿道,分别以理性有序、重点系统、渗透连续为指导建立层次结构——以文为脉、以花造境、以绿为纲,实现文化特色融入、植物特色提升、绿地生态渗透,再将各层次结构相叠加、整合得出整体风貌结构布局。

4.1.1.1 以文为脉——武进中心城区绿地特色文化层次结构

无论是物质形态的城市绿地还是非物质形态的地方文化,都是城市生活的一部分。当这些非物质形态的文化融入物质形态的城市绿地后,绿地所传承的就是具有地方特色的城市生活风貌。根据调查结果,武进中心城区绿地主要对春秋文化、吴文化之核心要素以及水文化、花文化之基础要素进行布局。

绿地文化景观资源定位方法:

(1)已有历史遗址的区域,绿地主题定位依托已有文化景观资源进行,如春秋淹城景区的淹城遗址和南田文化园的伍子胥墓分别定位为春秋文化和吴文化。

(2)绿地景观暂无定位的将文化的典型性与绿地的代表性进行匹配,核心要素分布于城区绿地标志节点、交通道路轴线以及商业道路轴线,如城市主干道延政路通往西太湖和花博会可做综合文化展示,淹城路以春秋文化为主题,武宜路以吴文化为主题;而基础要素则分布于一般绿地、生活道路轴线,如采菱公园以水文化为主题,牛塘公园以花文化为主题(图4-1)。

图 4-1 武进中心城区文化层次结构

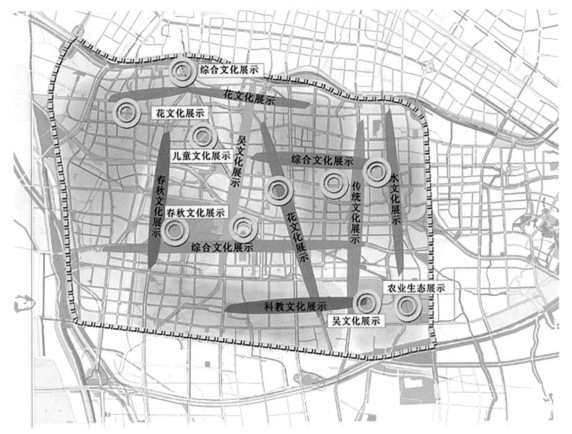

4.1.1.2　以花造境——武进中心城区花境层次结构

花境的运用能给人强烈的色彩感和美感,最能反映武进浪漫的品质。武进的嘉泽、夏溪素有"花木之乡"之称,拥有良好的花木基础,且 2013 年,第八届中国花博会在武进嘉泽举行,提供了花境建设的机遇与条件,但武进城区现状绿化条件并不好,花境整体效果的营建任重而道远。武进中心城区绿地花境建设以混合花境和灌木花境为主,配合观赏草花境、一二年生花卉以及球宿根花境进行营建。

根据花境布置位置的不同可以分为(图 4-2a):

(1)道路花境　主要分布于道路路缘,包括中央分隔带、路侧绿化带,主要作用为缓解司机和游人的视觉疲劳。

(2)公园花境　主要分布于公园林缘,用以烘托公园的气氛和主题,营造优美景观。

(3)滨水花境　主要分布于河流湖塘边,以湿生植物为主,用以保护水质和美化环境。

根据花境营建地位的不同分为(图 4-2b):

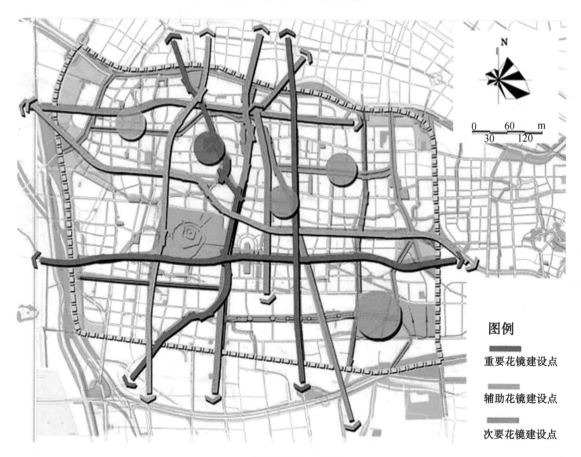

图例

重要花镜建设点

辅助花镜建设点

次要花镜建设点

a 花境营建分类布局图

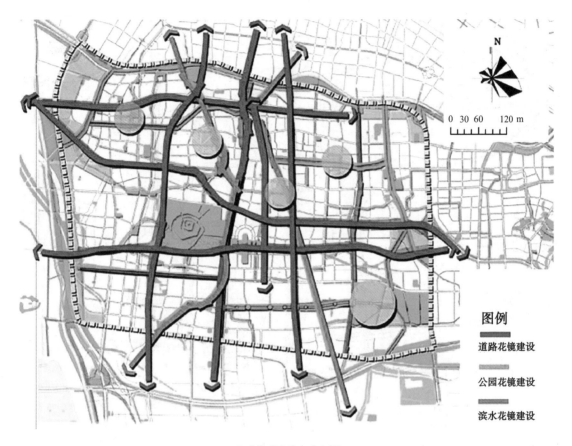

b 花境营建地点分布图

（1）重要花境景观营建节点　包括延政路绿地、常武路绿地、长沟河绿地以及长沟公园。延政路、常武路是进入武进的标志展示廊道，花境建设可体现浪漫气质；而长沟河与淹城内水系贯通，与长沟公园是下一阶段重点打造的滨水绿地，可着重发挥滨水花境的生态作用。

（2）辅助花境景观营建节点　包括淹城路绿地、长虹路绿地、牛塘公园。花境建设作为一个辅助景观，可表达道路及公园的主题。

（3）次要花境景观营建节点　包括聚湖路绿地、花园街绿地、武宜路绿地、新天地广场、定安公园、南田文化园、湖塘河绿地。花境作为辅助景观，形成完整的体系。

图4-2　武进中心城区花境层次结构

4.1.1.3　以绿为纲——武进中心城区绿道网络层次结构

绿道是一种线形绿色开敞空间，布局以城市各类各级主干道和主要河流水系为主要骨架。在城市绿地建设时，可突出城区的水乡风貌资源，提升滨水景观品质，连接城市各节点公园之间，构建人行道和车行道之间的友好连接，形成环环相连的绿道网络系统。通过绿道的建设，可以很好地改善步行交通和自行车等非机动车交通环境，给行人提供安全、舒适宜

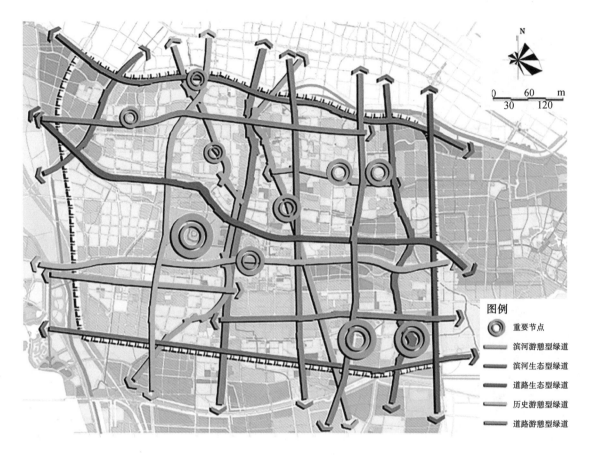

图例
◎ 重要节点
▬ 滨河游憩型绿道
▬ 滨河生态型绿道
▬ 道路生态型绿道
▬ 历史游憩型绿道
▬ 道路游憩型绿道

图4-3 武进中心城区绿道层次结构

人的出行体验,真正使绿地空间渗入居民日常生活,提升绿地活力,增强居民归属感和认同感,大大提升城市绿地景观风貌和品质。市域内绿道结构的建立要强调城市自然资源与人文资源的有机结合,尽可能多地联系各斑块绿地,融入游憩、教育、健身等多种复合功能,有效弥补城市绿地景观风貌在水平方向上的破碎,构建人们与绿地互动的纽带。

武进中心城区根据各河流、道路的不同位置及功能地位,以主要水系和道路为骨架,规划建设5种9条绿道,包括滨河游憩型、滨河生态型、历史游憩型、道路游憩型和道路生态型绿道,串联春秋淹城、南田文化园、三勤生态园、新天地公园、采菱公园等开放空间,构成一个完整的网络系统。同时规划形成自行车道与游憩步道建设相结合的两条绿色慢行环(图4-3)。

1)滨河游憩型绿道

滨河游憩型绿道基本宽度不小于20 m(图4-4)。建设自行车道与步行道相结合的游憩廊道;绿化时突出水生植物的应用,经过商业区段时注意与商业步行街的结合,以解决顾客逛街的休憩问题。铺装、广场用地相对占较大比例,绿道内会更多的提供凉亭、座椅、遮阴木等设施。植物配

图 4-4　滨河游憩型绿道断面

图 4-5　滨河生态型绿道断面

置会保证空间的开敞、通透性。

2）滨河生态型绿道

构建具有时代精神和地域文化特色、富含亲水生态模式的新型滨河风光带，绿道基本宽度不小于 25 m（图 4-5）。植物配置注重对既有良好防护效果又有良好观赏效果植物的应用。少量布置活动休息场所，通过景观的提升，使生态在城市中蔓延。

3）历史游憩型绿道

历史游憩型绿道建设时宽度不小于 20 m，主要展现绿道的文化属性，承载城市文化内涵，布置旅游观光、休闲游憩等多样的活动（图 4-6）。植物配置时选用观赏性较高的植物，以丰富绿化景观。

4）道路游憩型绿道

道路游憩型绿道基本宽度不小于 20 m，绿道建设时可布置步行道、自行车道等多种休闲廊道，形成主要慢行通道（图 4-7）。绿化种植选用观赏性较高的植物，结合地形建设丰富的绿化景观，着重突出节点的布置，小品注重突出生活与文化的特色体验。

图 4-6   历史游憩型绿
道断面

图 4-7   道路游憩型绿
道断面

图 4-8   道路生态型绿
道断面

5）道路生态型绿道

道路生态型绿道基本宽度不小于 20 m（图 4-8），注重防护性功能植物的应用，乔灌草相结合，改善绿地环境。少量设置活动场所，引导游人快速通过。加大植物密度，尽量为居民营造安静的生活环境。适当设置休息场地,主要体现绿道的生态功能,同时承载休闲游憩等功能。

各类型绿道中人行道步行空间宽度宜控制在1.8～3.0 m;人行道与机动车道之间的绿化带与设施带一般控制在1.5～3.0 m;人行道靠近建筑的,建筑前区间隔宽度宜控制在0.5～3.0 m,且与人行道之间无绿化带分隔;自行车道宽度宜控制在4.5～6 m;人行道与自行车道之间的绿化带与设施带一般控制在3～8 m;自行车道与外侧机动车道之间的绿化带一般控制在3～5 m;采用不同铺地材料或彩色路面将机动车道与非机动车道清晰分开,铺装材料和色彩的区别要醒目、易识别,尽量少设置物理隔离设施;每1.5～2 km设置一处一级租赁点,面积不少于500 m²,可容纳40辆自行车,城市核心区内,宜每400～600 m设置一处二级租赁点,城市核心区外,可每800～1 000 m设置一处二级租赁点,占地面积约100～300 m²;各服务设施(自行车维修点、休息室、厕所等)根据人流合理确定数量与位置。

4.1.1.4 城区绿地景观风貌整体结构

对城区绿地景观风貌文化层次、花境层次及绿道网络层次结构进行梳理叠加,选取对武进中心城区绿地景观风貌有显著影响的风貌载体,以中心城区最重要的人文节点春秋淹城景区为核心,结合其天然的水网格局,构建武进中心城区绿地景观风貌整体结构:"一核、六廊、五区、双环串珠"。"一核"指春秋淹城景区,"六廊"包括延政路、淹城路、武宜路、湖塘河、聚湖路、采菱河线形绿地,"五区"包括历史文化风貌区、现代都市风貌区、高品质居住风貌区、办公行政风貌区、教育科研风貌区,"双环串珠"指中心区绿道环以及城区主要绿地节点(图4-9)。其中"五区"为景观风貌区,"六廊"及中心区绿道环为景观风貌轴,"一核"及绿地节点为景观节点,详细结构载体控制在中观层面进行规划分析。

4.1.2 中观层面——武进中心城区绿地景观风貌结构载体控制

4.1.2.1 景观风貌区规划控制

5个风貌区依据原有的城市肌理与历史特色划分,历史文化风貌区、现代都市风貌区、高品质居住风貌区、行政办公风貌区、教育科研风貌区,代表了城市的不同侧面,都有各自要表达的文化内涵,分别以历史雅致、现代舒适、严谨时尚、品质精致、大气庄重为各自绿地景观的风格(表4-1)。另外,廊道绿地跨越多个景观区域时,以自身已有定位为主,如淹城路绿地以春秋文化为表达主题。片区中的公园绿地、道路节点、滨河绿地空间是表现该区特色文化的核心。

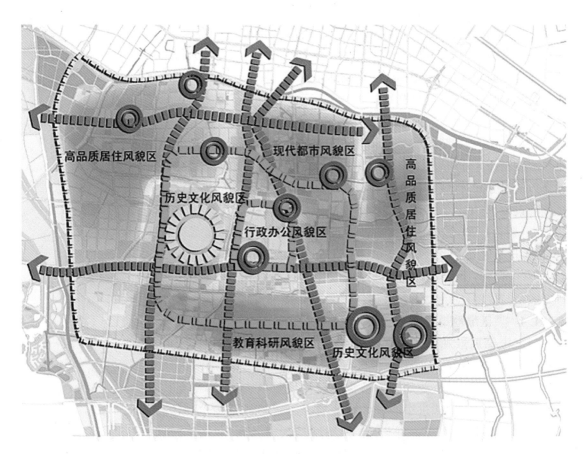

图 4-9 武进中心城区
绿地景观风貌整体结构

表 4-1　武进中心城区绿地景观风貌区定位

景观风貌区	景观风格	风貌特色
历史文化风貌区	历史、雅致	以武进历史文化为景观核心的景观风貌格局
现代都市风貌区	现代、舒适	体现高效、繁荣、舒适、共享和商业文化等品质特性,展现具有都市特色的现代风貌
高品质居住风貌区	严谨、时尚	延续西太湖自然生态景观风格,营造高品质居住环境
行政办公风貌区	品质、精致	形成具有武进城市发展特色的景观风貌,展现武进的发展进程、武进人民的进取精神
教育科研风貌区	大气、庄重	体现文明、高精尖新科技和优美、安静、浓郁的学术文化氛围,以及良好的生态环境

1) 历史文化风貌区

历史文化风貌区以春秋淹城风景区、南田文化园、三勤生态园为景观核心,以现存的淹城、胥城、恽南田墓等古文化遗址为本底,提炼古吴文化中的精致元素,形成以武进历史文化为景观核心的景观风貌格局,展现出一个历史悠久、层次丰富、形式精致的风貌区。

2）现代都市风貌区

现代都市风貌区以武进新天地广场为核心,以花园街、广电东路、长安路等道路为景观特色路段,体现高效舒适、商业共享的风貌区。绿地形式以现代风格为主,简练、精致,商业街绿地与散步道结合,可以结合水系形成具有现代水乡特色的滨河绿地、滨河步道,注重景观设施人性化、景观绿地可达性与绿地空间设计的精致性,以提升整个区域的价值品位。

3）教育科研风貌区

教育科研风貌区以大学科教城为核心,突出教育科研景观特色,体现现代文化教育和安静、浓郁的学术文化氛围,以及良好的生态环境。该区绿地以自然人文为目标,使用人群多为大学城的师生和周边居民以及少量游人,绿地空间的设计可多设置私密性较强的精致空间;景观设施设计体现人性化与宜人的尺度;用宜人尺度的景观雕塑、小品来点题,力求为室外教学和学习提供一个生态舒适的景观空间。

4）高品质居住风貌区

高品质居住风貌区西临滆湖,景观延续滆湖自然生态景观风格,绿地风貌着重体现生态宜居的理念,融合现代都市与历史人文等景观元素,营造世外桃源般的文化居所。通过绿色生态规划理论与建筑设计导则的贯彻,注重建筑、街道与公共空间的朝阳设计;加大绿化覆盖,结合绿道建设提高绿地可达性,以提升居住环境品质。

5）行政办公风貌区

行政办公风貌区以武进区政府周边绿地广场为核心,形成具有武进城市发展特色的行政办公风貌,展现武进的发展进程、武进人民的进取精神。该区面积最小,但有两条景观轴线在此交汇,又处在城区中心位置,在景观风貌规划上有着重要的地位。绿地景观风貌建设时基础较好,以延政路两侧区级机关所在区域绿地为重点,增加花境景观的建设,体现庄重、亲切和高效、开放等品质特性。

4.1.2.2　景观风貌轴规划控制

景观风貌轴依托城市道路和河流而建,给人们提供移动观赏城市的通道,往往是城市中最有代表性的绿地景观存在。武进中心城区代表景观风貌轴包括7条景观轴:延政路、淹城路、武宜路、湖塘河、聚湖路、采菱河绿地以及绿道环(表4-2)。景观风貌轴的绿地建设或表达文化,或表达生态,位于交通干线或滨河两侧,成为可使人最先直观感受城区绿地景观风貌的绿色走廊。

延政路是武进区最具代表性的一条景观大道,串联古代文明(春秋淹城)、现代文明(武进区人民政府)、生态文明(西太湖)等多个具有城市代

表 4-2   武进中心城区绿地景观风貌轴定位

景观风貌轴	主题定位	风貌特色
延政路	花漫新都 绿融延政	最具代表性的生态景观轴、道路游憩型绿道,绿地景观主打花木文化和武进城区综合文化,合理布置道路花境 树种:香樟、广玉兰＋碧桃、早樱、晚樱、红花檵木、毛杜鹃、绣线菊、月季＋红花酢浆草、二月兰等
淹城路	墨韵江南 春秋记忆	历史文化景观轴线、道路游憩型绿道,绿地景观以展现春秋文化为主 树种:榉树、黄连木、香樟＋紫薇、桂花、夹竹桃、含笑、月季、石榴、石楠＋二月兰、韭兰、阔叶沿阶草等
武宜路	吴风古韵 常武新政	道路游憩型绿道,绿地风貌以展现吴文化为主 树种:马褂木、广玉兰、香樟＋红枫、木槿、木芙蓉、伞房决明＋玉簪、紫薇等
湖塘河	花暖人心	滨水游憩型绿道,结合河道,重点展现生态、历史文化,以滨水花境的营建为重点 树种:枫杨、水杉＋化香、豆梨、红枫、紫薇、六道木＋麦冬等
聚湖路	清雅天真 花聚人间	道路游憩型绿道,道路两边绿地节点布置混合式花境,展现武进的现代花都风貌 树种:马褂木、广玉兰、二乔玉兰＋梅花、紫叶李、花桃、紫叶桃、石楠、海桐、月季＋白三叶、红花酢浆草等
采菱河	晴岚卷香 静波横练	滨水生态型绿道,以"水"为主题,景观风格定位为生态、简约 树种:乌桕、重阳木、楝树＋红叶李、龟背竹＋三白草、蕨类等
城市绿道环	刻印传统 尚德迄今	以中国礼、孝、仁、义等中华传统美德为表达主题,可通过典故重现等方式设计一些空间节点,建设一条绿色文化环和慢行环

表性的特色景观区,周边用地性质为居住用地、行政用地、工业用地,绿地宽 15~20 m,规划以花木文化、吴文化为中心,将其打造为一条生态文化景观轴,风格现代、大气。延政中路现状有香樟行道树,选择道路树种时保留了原有长势较好的树木,增加了广玉兰以及春季观花品种;夜景丰富;铺装选用实用、生态环保材料,现代景观元素结合特色城市家具与景观小品、雕塑的设计表达吴文化。

淹城路串联聚湖公园与春秋淹城、烈士陵园等城市特色绿地,是武进区重要的历史文化景观轴线,周边用地性质为绿地、居住用地、行政用地,绿地宽 20~25 m,绿地风貌定位为历史人文景观轴,风格精致典雅,通过景观小品、雕塑、各类城市家具的设计来展现春秋文化,如将春秋时期的铜器花纹加以提炼作为景观小品的一个元素来运用,另外树种可增加榉树、黄连木以及夏秋季观赏品种。

武宜路是武进区与常州市连接的一条主要道路,西邻长沟河,周边用地性质为居住用地、行政用地、科教用地、商业用地,绿地宽 8~15 m,设置有 BRT 快速公交,人流量较多。作为重要的道路游憩型绿道,道路绿地风格舒适宜人,主题定位为吴文化。绿地建设时从南到北展现武进不同时期的历史文化,如"运河文化""江南文化""吴文化";建筑多以灰、白、黑为主调,综合展现武进特色的文化积淀;树种可增加广玉兰、马褂木、红枫、木槿、木芙蓉、伞房决明等秋季观赏品种。

湖塘河是武进古文化的重要组成部分,现状开发并不好,周边多为商贸区、居住区、科教城等与居民生活联系紧密的区域,绿地宽20~25 m,可结合河道重点打造为休闲生态、历史文化的滨河游憩型绿道。以滨水花境的营建为重点,选择湿生植物与花卉,营造浪漫的气息,重要节点处布置休闲场所;树种可增加麻栎、枫杨、水杉等滨水植物。

聚湖路是武进中心城区重点规划建设道路之一,周边用地性质主要为居住用地、物流用地、商业用地,现状景观条件较差,绿地宽8~15 m,景观有较大的提升空间,是道路游憩型绿道。道路景观风格简约流畅,结合绿地节点布置混合式花境,以展现武进的现代花都风貌。与延政路、湖塘河一起构建花境网络布局,营造花都气息;现状行道树有马褂木、广玉兰、泡桐,长势较弱,可增加二乔玉兰、梅花、紫叶李、花桃、紫叶桃等树种,以春季观赏品种为主。

采菱河周边用地性质主要为居住用地、工业用地等,现状河道两边大多为纺织染厂,绿化被建筑所侵占,穿过工业区部分侵占较为严重。规划绿地宽20~25 m,风格自然清新,引入滨水花境对采菱河水质进行整治的同时,注重景观的营造,形成一条城区生态廊道。景观风格定位为生态、简约,景观建设时以"水"为主题,河岸的处理使用生态护坡,避免水泥护坡的使用;设置水体净化空间,并且注重景观性;注意滨水花境的营建并结合景观小品的设置,表达生态这一主题;适当布置休憩空间,注意控制噪声污染和废弃物污染。

城市绿道环路线第一环为武宜路(兰陵中路)—延政路—常武路(和平路)—广电路,第二环为淹城路—南田大道—夏城路(丽华路)—定安路—湖塘河—人民路。以"刻印传统、尚德迄今"为主题,武进为季札故里,是中国礼、孝、仁、义等中华传统美德的发源地,发生过徐墓挂剑、归金灵前、卧冰求鲤、割股疗母、待骑还金等故事,可通过典故重现等方式设计一些空间节点,建设一条绿色文化环、慢行环、绿道环。对其建设条件来说,第一环各条道路以及第二环的淹城路、大学城路段为可行路线,淹城路道路绿化需要稍加改造,增加服务设施,大学城路段在现状道路基础上增加自行车道就能实现;第二环夏城路、定安路、湖塘河以及人民路在规划中道路绿化宽度都在8 m以上,符合绿道建设条件,但多条路段现状绿地建设情况暂不满足要求,需要稍加改造才能实现绿道的建设。

4.1.2.3 景观风貌节点规划控制

景观风貌节点是城市绿地景观风貌的集中焦点,与居民生活息息相关。武进中心城区绿地景观风貌节点包括春秋淹城风貌核以及各绿地节点。在服从景观区域风格的引导下，对未建景观风貌节点提炼自己的文化核心和功能主题，注重实用功能，各有侧重，突出绿地特色（表4-3）。

表 4-3 武进中心城区绿地景观风貌节点定位

景观风貌节点	春秋淹城	南田文化园	三勤生态园
景观定位	春秋文化主题公园	书画文化、书院文化	农业生态展示
景观风貌节点	牛塘公园	聚湖公园	长沟公园
景观定位	百花园	时尚现代园	儿童益智游乐主题乐园
景观风貌节点	采菱公园	定安公园	新天地公园
景观定位	水景园	聚贤园，以季札为代表	现代简约公园

风貌节点是一个城市绿地景观的典型代表，春秋淹城景区位于武进中心城区，其淹城遗址影响力广，且绿地面积最大，无疑成为城市绿地景观风貌建设之核，其绿地建设尽量扩大春秋文化的辐射范围，并带动其他公园绿地节点的建设，分别演绎不同侧面的文化景观。

南田文化园位于夏城路以东、鸣新路以北、兴隆街以西、滆湖路以南，绿地面积约 30 hm²，为未建公园。公园主要体现书画艺术，并且适当体现胥城文化、书院文化以及常锡文戏文化。主要表现博雅、灵秀的景观风格，园内可建书画纪念展览馆，如恽南田一生志趣清新，品格高雅，善于画花鸟，如碧桃、牡丹、海棠、松等，在纪念馆周边可以桃花、海棠、松造景，体现一种书画的意境。

三勤生态园是以农业观光为主题的专类公园，位于南片区，绿地面积约 25 hm²，为建设中公园。公园可结合农业作物、休闲公园、农家乐等，建设特色农业观光主题公园。园区周围种植经济林进行围合，形成绿树成荫的优美田园风光。植物可注重采用体现农业特色的经济作物，如葡萄、丝瓜、木槿、紫薇等，营造"春华秋实"与"丝路花语"的特色景观。

牛塘公园位于聚湖路与东龙路交点西南，为未建公园。"朝饮木兰之坠露兮，夕餐秋菊之落英""春风桃李花开日，秋雨梧桐叶落时"，中国的花文化源远流长，武进的嘉泽、夏溪又是花木之乡。牛塘公园以百花园为主题，设置木兰园、海棠园、紫薇园等植物专类园，林缘、水边设置多样的花境和花丛，在适宜的季节可以举办专类花展览，注重四季花卉的应用，给人常游常新的感觉。

聚湖公园位于 312 国道与淹城路交点西南，为未建公园。根据武进城区以精致、高品质为发展方向，聚湖公园以现代、时尚为表达主题，景观以简洁流畅为特点,表达武进海纳百川、兼容并蓄的精神风貌。植物的配置以引种成功的树种为主要表现点,整体种植形式不宜过于复杂,以简洁明快为主。

长沟公园位于人民西路与长沟河交点西南,面积约为 23 hm²,为未建公园。长沟公园四周多为居住用地,公园定位为以儿童益智娱乐主题。绿地注意开阔空间的营造以及彩色植物和花境的应用,树种选择可多用花、叶、果色彩鲜艳的树种,如合欢、紫玉兰等,以增强儿童公园活跃、热闹的气氛,吸引儿童游园时的注意力;儿童活动场所遮阴乔木应冠大荫浓,展叶早,落叶晚,分枝点大于 1.8 m;灌木选用以不影响儿童游戏活动为宗旨,萌发力强、耐修剪、树形美观的树种;忌用有毒植物如夹竹桃等、有刺植物如蔷薇等、有刺激性或容易引起过敏反应的植物如漆树等、易发生病虫害的植物如钻天杨等。

采菱公园位于人民东路与采菱河交点西北,面积约为 18 hm²,为未建公园。采菱公园借助采菱河,以水造景,以水喻理,以水明心,采用各种不同形态的水,如泉、溪、池、潭、瀑等形成堤、岛、湾、滩等景观,定位为特色水景园。植物配置尤其注重水生植物的应用,营造多层次的自然生态群落。

定安公园位于定安东路与星火北路交叉的东北处,为未建公园。武进自古以来人才辈出,既有具磅礴之气的君王将士,又不乏江南温婉的文人骚客,尤以中华民族的道德典范延陵季子为代表,公园定位为以季札等历史名人的道德事迹为主题的德育教育公园。植物配置注重空间的营造以及季节变化的色彩性,并且反映出一定的人文气息,如花中四君子"梅兰竹菊"的搭配,借由这种拟人化的植物配置形式象征名人雅士的高尚人格。

新天地公园位于湖塘区,花园街与湖塘河交汇于此,总面积为 33 hm²,为建成公园。周围为商业街区,人流密集,以现代、简约为特色,建议加强管理。

行政中心周边绿地位于核心片区,区行政中心周边,包括文慧园、莱蒙公园、武进休闲广场等,都为已建成公园。建议适当增加花境建设以及强化管理。

4.1.2.4 景观风貌符号规划控制

武进中心城区绿地景观风貌规划中,景观风貌符号的表达主要借助于城市雕塑的布置以及市树、市花的运用。景观雕塑通过自身形象的建立,而市树、市花通过单个元素的重复,对市民及游人产生视觉冲击以形成城市景观风貌形象。

(1)城市雕塑布置 武进中心城区现状雕塑主要有 3 座,分别位于延政路(图 4-10a)、常武路(图 4-10b)、武进广场(图 4-10c),以反映武进现代精神文明为主。规划新增雕塑 9 座(图 4-11),布置于延政路、常武路

a 延政路雕塑

b 常武路雕塑

c 武进广场雕塑

图 4-10　武进城区现有雕塑

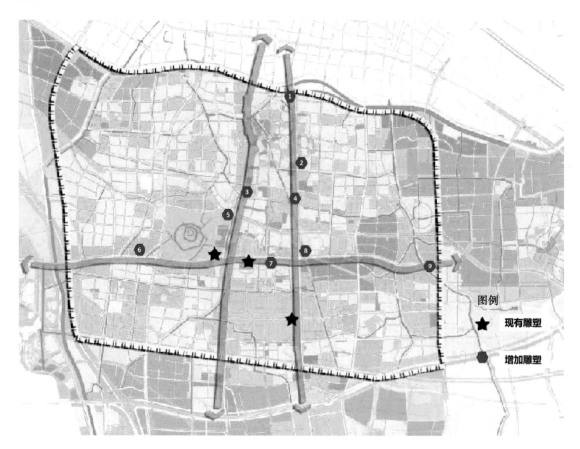

图 4-11　武进中心城区城市雕塑布置

以及武宜路上,以体现城区特色风貌。其中 1、6、9 号点为进入城区必经之地,是城区门户雕塑,雕塑主体可反映武进积极进取、兼容并蓄的精神风貌;7、8 号点反映武进的历史文化,增强延政路的载体风貌;2、4 号点位于常武路,可以商业、艺术为主题,与常州现代气息相协调;3、5 号点位于武宜路,3 号点可设艺术、文化题材,5 号点靠近春秋淹城,以春秋文化为主题。另外,各公园绿地节点中可根据公园主题适当增设雕塑小品。

（2）市树、市花的运用　市树、市花在景观风貌轴或城市重要绿地节点中重复运用效用最为明显。武进中心城区市树、市花分别为广玉兰和月季,但由于使用频率并不高,香樟和紫薇的知名度相对较深入人心。城市绿地景观风貌下一步规划中,可在延政路、武宜路、聚湖路绿地中适当增加广玉兰及月季的使用频率,以增强树种特色。

4.1.3　微观层面——武进中心城区绿地景观风貌系统专项控制

武进中心城区规划中主要对典型道路绿地——聚湖路绿地、典型滨水带状绿地——湖塘河绿地以及典型公园绿地——南田文化园进行引导控制。

4.1.3.1　典型道路绿地引导控制——聚湖路绿地

1）功能和主题定位

聚湖路绿地为新建绿地景观,主题定位为清雅流光,绿地景观在以植物造景为主的基础上突出花境景观建设(图4-12)。

2）附属设施建设

道路沿路适当布置服务设施,与周边环境融合的同时体现武进多元文化交融。

道路铺装选择淡雅、古朴的砖石、防腐木等,可以将铺装与地面浮雕相结合,主要衬托植物、花境的色彩。

道路沿线分段设置结合花境的雕塑小品,采用多种材料如金属、石块、塑石、植物等,重点体现花木文化。

3）树种选择

新规划道路在植物品种的选择上既要注重适地适树原则,又要有别于其他已建成道路,依然选择乔木＋灌木＋地被的基本配置形式,建议树

图 4-12　聚湖路绿地景观局部

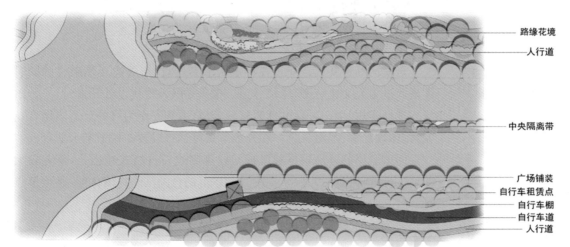

路缘花境
人行道

中央隔离带

广场铺装
自行车租赁点
自行车棚
自行车道
人行道

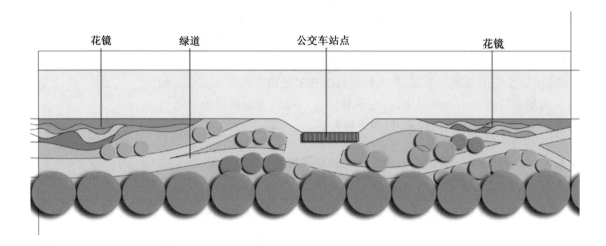

花镜   绿道   公交车站点   花镜

图 4-13 聚湖路绿道与公交站台的关系

种选择松柏类、广玉兰＋石楠、含笑、梅花、竹类、海桐＋白三叶、红花酢浆草等,花坛花卉选择菊花、玉簪、矮牵牛、马齿苋、紫罗兰、高山石竹、射干等。

4）花境建设

聚湖路绿地引入花境景观建设。花境主要布置在人机分隔带和两侧道路绿地。应将绿化和花境建设同步进行,在路侧分隔带和交通岛节点等,以立面层次丰富、群落结构稳定、色彩简单和谐为首要设计原则,以保证花境具有持续的观赏效果。

5）绿道建设

聚湖路为近期规划道路,规划为游憩型绿道,步行道与自行车道穿插于宽度为 15 m 的道路绿化中,注意处理绿道与公交站台的关系(图 4-13),在适当位置向外敞开,并设置配套的休憩和景观设施。

4.1.3.2 典型滨水带状绿地引导控制——湖塘河绿地

1）功能和主题定位

湖塘河景观定位为花暖人心,以花文化为主题。

2）景观建筑小品建设

沿滨河绿带开放空间布置特色城市家具,在与周边环境融合的同时体现武进多元文化交融,座椅、灯具、报亭等融入现代设计元素。

选择实用、生态环保的铺装材料,以舒适和安全为目的。适当结合花元素,体现温馨、浪漫气息。在开放节点可适当设置木栈道亲水平台。

河道驳岸的处理根据驳岸现状以规则式与自然式相结合,落差较大的地方可选择自然式驳岸,规则式驳岸可结合湖滨路提供休憩、眺望节点(图 4-14)。

3）树种选择

湖塘河绿地选用观赏性较高的植物,宜选用多样的滨水植物品种,建

图 4-14　驳岸设计

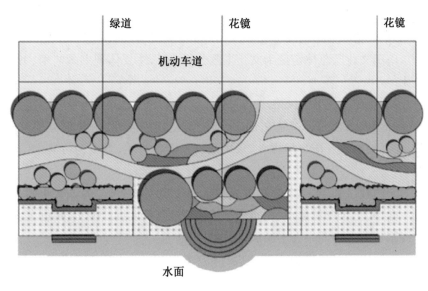

a 规则式驳岸设计

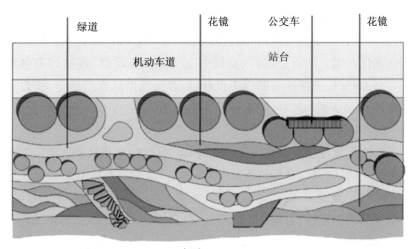

b 自然式驳岸设计

议品种：蒲苇、菖蒲、水烛、慈姑、千屈菜、佛甲草、铁线蕨、夹竹桃等，注重
四季景观的营建，适当运用观赏草、混合花境等。

4）花境建设

湖塘河可在河流两侧间歇性地营造滨水花境景观，注意不同花卉的
搭配。以球宿根花卉花境和观赏草花境为主，因滨水环境的特殊性，花境
设计时以湿生花木或耐湿花木为主，并注意应具备净化水质的功能。

5）绿道建设

在商业用地路段，人流较为密集，路侧设置自行车慢行标志和休息场
所，注意滨水景观与商业活动的联系，小品设置应体现现代都市主题。

4.1.3.3　典型公园绿地引导控制——南田文化园

1）功能和主题定位

南田文化园总体定位为文化主题公园，公园主要体现书画艺术、书院文化。

2）景观建筑小品风格

公园内结合武进书院文化，在南田文化园内复原、仿建部分地方书院，景观建筑色彩应自然古朴，采用灰、白、黑色为主，主要为古典木结构样式。

园内建议利用景墙、浮雕等表现手法展现书画文化、胥城文化等，设置恽南田、伍子胥雕像，利用实景雕塑表现锡剧的发展演变史、锡剧名家、传统剧目等。定期举办书画展、锡剧展等活动。

公园内的服务设施应统一设计，应力求展现自然气息，给人以亲切感，将古典的纹饰、器物样式抽象为符号元素与家具小品设施设计相结合，突出文化氛围。

公园内的铺装设计应力求典雅、质朴，采用砖石、木材、混凝土等材料，仿古建筑周围适当采用卵石拼花的纹样，采用拼贴、地面浮雕的形式传达文化元素。结合广场灯、庭院灯、泛光灯、草坪灯、霓虹灯等多种形式，对公园绿地进行统一的照明设计，灯具形式的选择要统一，符合公园主题特点，形成多姿多彩的夜景。

3）树种选择

植物配置应注重多层次生态性、四季多样性，植物品种选择应以乡土树种为主，落叶树与常绿树配比3∶1左右，部分景点植物配置形式遵照古典园林配置形式，表现诗画艺术的意境。

主要植物选择：香樟、女贞、广玉兰、白玉兰、二乔玉兰、蜡梅、梅花、碧桃、海棠、罗汉松、五针松、白皮松、垂柳、榔榆、榉树、黄栌、红枫、鸡爪槭、三角枫、木芙蓉、紫穗槐、麦冬、二月兰、鸢尾、书带草等。

4.2　武进城市绿地系统景观风貌规划

武进中心城区位于武进区中心地区，地理位置优越，以居住组团为主，北接常州主城区，南为高新工业片区，西面为特色产业经济开发区、综合生态西太湖片区和滆湖，东面为工业遥观片区和宋剑湖。在武进区的城市快速发展建设中，城区的空间发展也面临着一系列问题，一方面是城市框架的迅速拉大，另一方面却是新旧空间呈现拼贴状态。西太湖片区建设速度快、投资大，景观和建筑的建设品质都达到国内新区建设的领先水平，相对而言，中心城区老湖塘和牛塘片区的改造则明显滞后,新老城区之间形成了巨大的反差:首先体现在外在城市景观上,新区城市景观整洁优美,而老城区的城市景观则日益老化与凋零;其次,老城区在设施、环境与商业配套方面也大大落后于新区,老城区的道路偏窄,路面质量亟待提高,城市环境美观不足,绿化和开敞空间相对缺乏;最后,尽管城市建设中强调了建设的高品质,但城市文化缺乏整体协调意识,造成新、旧文化,古、今文化分离。

4.2.1 研究范围

武进中心城区绿地景观风貌特色研究范围为:西至龙江路,东至青洋路,北至 312 国道,南至武南路,面积约 85 km²(图 4-15)。

4.2.2 研究目的

武进中心城区绿地景观风貌特色研究依托现状绿地以及近期规划的绿地系统布局,建设以"花都水城""春秋吴韵"为基本特色的绿地系统,塑造高品位的城市形象。挖掘武进丰富的历史文化资源,并使之充分体现在城市绿地的景观特色上,提升城市的品位和魅力。

图 4-15 常州市武进区中心城区图

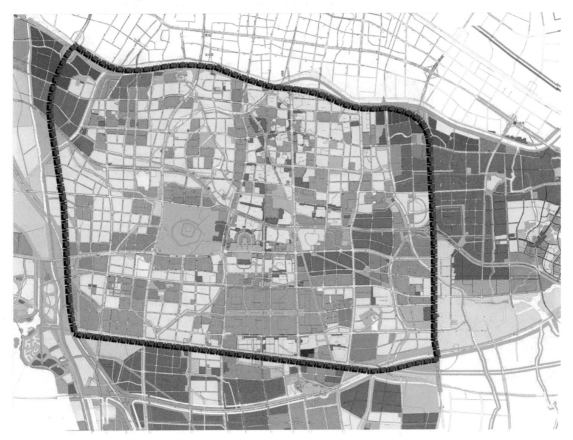

4.2.3　指导思想

武进中心城区绿地景观风貌特色研究通过整合城市地域文化资源，使城市绿地成为城市记忆的载体，延续城市文脉，实现城市可持续发展；通过花境建设实现"花都水城，浪漫武进"，提升城市的品质；发挥城市绿道的功能，将城市与绿地、人和环境紧密地联系起来，形成绿色通道网络（图 4-16）。

4.2.4　绿地景观风貌规划定位

武进中心城区绿地景观风貌特色以"绿波荡吴韵，花香绕水城"为主题。

图 4-16　城市地域文化
资源

a 常州春秋淹城古城风貌

b 武进新天地公园　　　　　　　　　　　　c 武进莲花会展中心

图 4-17 春秋淹城

春秋时期是武进历史与文化最为繁盛的时期之一,儒家的先驱季札就被封于春秋时期延陵邑(今常州)(图 4-17)。此外,武进还是吴文化的中心区域之一,伍子胥所建立的胥城就坐落于当今的三勤生态园园区之中,晚清时期在武进这块人杰地灵的土地上所发展起来的阳湖文派、常州词派、常州画派均是吴文化的重要代表。

本研究力求将春秋文化与吴文化充分融入绿地系统的特色中,体现"绿波荡吴韵"的景观风貌。

武进素有"江南水乡"之称,城区内水资源十分丰富。其中南运河、长沟河、湖塘河、采菱河穿城而过,作为水城的发展目标,梳理水系规划,构造景观水系,使其成为城市的滨水绿色休闲廊道,并结合绿道系统,串联各个景观节点;突出花都水乡特色,打造"花香绕水城"的景观风貌。

4.3 绿地景观风貌总体结构布局

4.3.1 总体结构

为体现武进绿地的景观风貌特色,在武进区规划建设绿道网络,重点区段建设特色花境,引入文化主题。通过三重网络布局的叠加,最终形成武进特色景观风貌结构布局,即"一核、六廊、五区、双环串珠"(图 4-9),突出武进以文为脉、以绿为纲,以色增彩,集景观性、功能性、生态性为一体的绿地特色。

"一核"即城区的中心绿核,指春秋淹城大型绿地;"六廊"即最能代表武进绿地特色的六条景观廊道,包括重要的道路绿地以及滨河绿地;"五区"即根据武进各个区块用地性质划分的五个景观风貌区;"双环串珠"即绿道网络串联而成的两条环绕城区的绿道环路,以及环路经过的城区各

图 4-18 武进城市风貌   大主要绿地与公园形成的两条绿色慢行环。

4.3.2 景观特色营造规划

　　武进,2007 年被评为国际花园城市,是一颗镶嵌在长三角经济带中的"苏南明珠"(图 4-18)。城市景观风貌营造规划时,在尊重其独特的自然和文脉、城市肌理、地形、地貌和空间景观资源的基础上,将城市绿地作为城市历史文化内涵的重要载体与城市精神文化紧密结合。

　　城市的魅力在于特色,而城市最大的特色应当在其原有的景观资源中挖掘,因此我们在深入了解武进现有景观资源的基础上,运用层次分析法对景观资源进行合理的评价和分级,从中甄选出最能突出武进城市特色的景观资源,在绿地系统中合理地布局应用,通过对名人故居、历史遗址的修缮、重建,古树名木的保护,营建历史文化氛围,重现城市水乡肌理,突出花卉产业特色,展现武进的特色景观。

4.3.2.1 景观资源分析利用

　　1)武进特色景观资源分析(表 4-4)

　　(1)典型的文化遗存——淹城   吴文化的起源是以吴太伯南奔到江南为起点的,武进是吴文化的发源地之一,境内的春秋淹城遗址是我国春秋时期至今保存最完好、最古老的地面城池。

　　淹城所在地曾经是春秋早期中原奄国人因避难而建立的城郭,是一个三城三河的水寨型的城池。11 世吴王颇高灭了奄国,之后淹城作为吴国临时都城使用了 45 年,历经诸樊、余祭、余昧、僚四位吴王。到吴王阖闾的时候,他胸怀大志,立志征楚灭越,称霸中原。他根据伍子胥"必先立城郭"的建议,建造了在春秋时期规模很大的阖闾城,这个著名的阖闾城就在武进雪堰镇。阖闾城记载了吴国最强大、最辉煌的一段历史,也由此产生了一系列美丽、绚烂、精彩的传说(图 4-19)。

表 4-4　武进城市绿地景观资源分类表

景观资源类别		武进城市绿地景观资源
自然景观资源	地形地貌	平原地貌
		水乡风貌
	生物资源	乡土植物
		花木之乡
人文景观资源	历史遗迹	古吴文化
		春秋淹城
	城市形态	南田文化园
		武进运河
	地方文化	古街古巷
		阳湖文派
		恽南田画派
		常州词派
		武进锡剧
		季札贤德
	民间工艺	木制家具
		雕刻
	现代产业	纺织工业

　　(2) 武进历史之根——季札　季札是吴王寿梦的第四子,姬姓,名札,号公子札、吴札、吴季子、延陵季子。公元前 576 年出生,公元前 547 年封邑延陵,成为武进的历史之根、人文之源,晚年躬耕于武进焦溪舜过山,卒于公元前 484 年,享年 92 岁。

　　季札的一生是竭力倡导和践行诚信、仁义、守礼、贤达的一生,在《史记·吴泰伯世家》和《左传》等典籍中,对季札"三次让国"之守礼、"出使诸

图 4-19　淹城春秋乐园

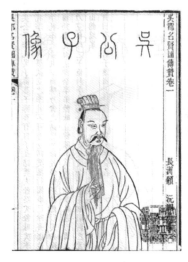

a 吴季札画像

b 季子挂剑台

图 4-20 武进历史之根——季札

国"之睿智、"徐墓挂剑"之诚信、"观乐议政"之博学、"大义救陈"之仁义、"延陵归耕"之贤达等事迹详载传世,以教后人。其德行操守为历代名家所称颂,其大圣大贤、大诚大信,大智大德已成为中国思想史、文化史、道德史、文明史的重要渊源(图 4-20)。

(3)花木之都 武进的嘉泽、夏溪是全国重点花卉市场,是中国花木之乡。2013年,第八届中国花博会在武进嘉泽举行。

嘉泽的支柱产业就是花木,夏溪人创造了常州"树挪千里活京城,花木市场冠中华"的奇迹(图 4-21)。宁可食无肉,不可居无花,对花的酷爱和圆梦花博会,生动体现了常州人对花即文化、花即品位、花即生活、花即产业的花文明的深刻理解,表达了常州人以花为媒解语传情,传递"幸福像花儿一样"的美好情怀。

(4)精巧的水乡园林 武进境内平原宽广,地势低平,河网稠密。平

图 4-21 魅力武进

原占总面积的 99%,其中水域占总面积的 27.4%,是典型的"江南水乡" （图4-22）。境内有太湖、西太湖、宋剑湖等自然湖泊,河港汊荡纵横交 错,湖塘河、采菱河、长沟河、武南河、京杭运河等纵横交错,滨河绿带是很 好的景观资源,以水为依托的城市园林精巧玲珑、变化有致,充满诗情 画意。

图4-22 水乡武进

（5）传统街巷空间 一个城市有了一条老街,便会有一种自我的历 史厚重感与心灵依归感,这是一种珍贵的物质存在,更是无以替代的精神 情感的存在,时间愈长久,韵味愈醇厚。

自然环境、乡土建筑、传统产业、民俗街坊、民居遗存等这些物质的、 非物质的传统习俗的延续和传承组成了老街生生不息的记忆。武进区内 明清的深宅大院和古民居等陈年风物已遗存无多。某些地段的老街上保 留的一些老屋痕迹和建筑观赏界面,历史沧桑依稀可辨,但真正有建筑文 化含量的代表性民居和大户人家古建遗存已基本湮灭绝迹,但是它的历 史地位以及它在武进居民心目中的分量却随着时间的积累变得更加重 要。一排排粉墙黛瓦的民宅临街依河而建,一汪河水碧悠悠,两岸人家散 若舟,颇有几许"小桥流水人家"的意境（图4-23）。

图4-23 武进记忆

a 武进地方戏展演   b 武进老巷

（6）多元的城市物质文化　武进自古人文荟萃、英才辈出，以文学、书画、戏曲、民间工艺等为代表。

武进的纺织工业有"日出万匹，经纬天下"之称，2002年武进被评为"中国织造名镇"，湖塘纺织城就是代表。

湖塘地区的木质家具、雕刻等制品也享有一定的声誉，武进还有"留青竹刻之乡""红木雕刻工艺之乡"的称号。

锡剧的发源地之一就是常州武进，锡剧原为常州地方滩簧，原称"常锡文戏"；历史上这里曾形成"阳湖文派""恽南田画派""常州词派"；中医孟河医派名家众多，有"吴中名医甲天下，孟河名医冠吴中"之说（图4-24）。

（7）灿烂的城市精神文化　武进城市在迈向精致人性化国际都市的发展中，形成了灿烂的城市精神文化。

延陵世泽、让国家风：季札是吴王寿梦的第四子，最为贤德，寿梦便想传位于季札。但最后季札没有继承父亲的凤愿，一让吴王诸樊，二让余昧之子吴王僚，三让诸樊之子吴王阖闾，成为继太伯三让之后的又一经典三让。季札所封延陵邑，遗址就在今常州武进的南淹城。因此，这里也就有

图4-24　武进多元的城市文化

a 锡剧

b 瞿秋白　　　　c 李公朴　　　　d 曾杏绯作品　　　　e 恽敬作品

了"礼让、谦让、贤让"这一三让文化。

海纳百川、兼容并蓄:溯(长)江、环(太)湖、濒海的"山水形胜",注定了这一方文化与生俱来的开放胸怀。今天的武进要不断强化这种开放、开拓的自觉意识,努力打造"包孕吴越""汇通大海"的多元文化。

聪慧机敏、灵动睿智:文化的创生和传承,既是优越地理环境的造化,更是经济社会发展的结晶。吴文化既赋予锦绣江南特有的柔和、秀美,又熔铸出由这些精雅文化形式所体现的审美取向和价值认同。

经世致用、务实求真:吴地商品经济率先起步,市民阶层形成较早,实业传统、工商精神、务实个性和平民风格等,都是吴文化中不可或缺的内容。

敢为人先、超越自我:善于创造、勇于创新是吴文化充满生机与活力的内生动力。只有始终坚持这种永不止息的创新精神,摆脱狭隘的视域和地域羁绊,才能进一步推进文化的整合,不断谱写新的华章。

2)武进特色景观资源分类

运用层次分析法将以上所有景观资源进行评价分类,将各类景观资源分为两类,将得分较高的资源划分为Ⅰ类景观资源,将得分较低的景观资源划分为Ⅱ类景观资源。Ⅰ类景观资源是城市中典型性较强的、能够凸显城市差异性的景观资源,此类景观资源在城市绿地系统景观规划中可以进行大面积、高频度重点运用。Ⅱ类景观资源的典型性和代表性普遍不高,在凸显城市差异性方面的贡献较低,因此,在使用规模和频率上,都将比Ⅰ类景观资源的运用程度低。

经过分析所得,春秋淹城、吴文化、花木资源、水乡风貌、古街古巷属于Ⅰ类景观资源,地方文化、木雕、纺织产业等为Ⅱ类景观资源(图4-25)。

4.3.2.2 绿道网络规划

1)武进中心城区绿道规划

武进中心城区绿道规划目标是"绿廊蓝带,串珠环抱"。绿道的布局以城市各类各级主干道和主要河流水系为主要骨架,综合考虑与各类绿地之间的联系,形成环环相连的绿道网络系统,最大限度地满足各个绿地与绿道网络的连接,使全区的绿地能够形成一个绿色网络系统。城市中的绿道作为一个具有景观美感绿廊,同时又是生物多样性的走廊;既是住宅区和工业区之间吸收噪音与降低污染的缓冲带,又能构建人行道和车行道之间的友好连接,连接点状的小型绿地与重要的风景区。

规划意义:第一,绿道为户外活动提供空间,为远离公园居住的人们提供接近自然的可能性,可以提供如慢跑、散步、骑车、泛舟等户外活动。第二,绿道为上、下班的人们和上学、放学的孩子们提供安全的可以选择的以及没有机动车干扰的通道,减弱对汽车的依赖性,将人们与社区联系

图 4-25 特色文化分布
结构图

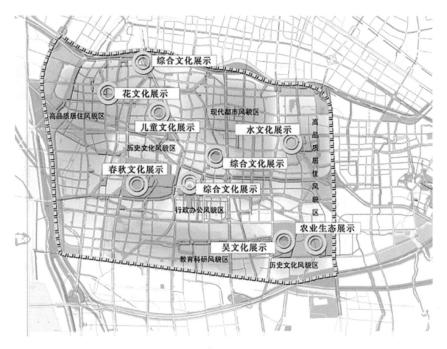

a 特色文化分布结构图一

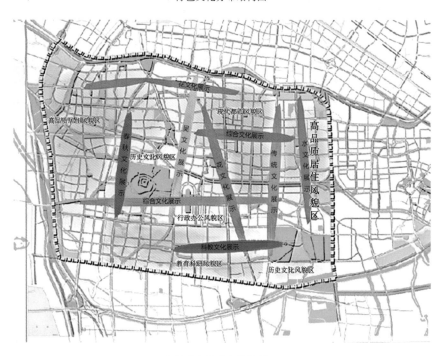

b 特色文化分布结构图二

起来,提高空气质量并减少拥堵。第三,绿道提供了保护国家文化遗产的
方式。绿道铺就了一条接近社区中具有重要历史意义和艺术价值的建筑
物的通道,让人们有机会去缅怀传统,见证历史的遗迹。第四,绿道通过

保护自然山脊、河道与自然资源来实现保护城市长远利益的目标,削弱快速城市化进程带来的负面影响。第五,绿道是具有经济价值的社会公共设施,不仅可以提高居民生活水平,还能够促进周边房地产升值,吸引旅游者,促进商业发展。

2)武进中心城区绿道规划布局

武进中心城区绿道规划中,滨河游憩型绿道有4条,分别是长沟河滨河绿道、湖塘河滨河绿道、定安路(采菱河至花园街段)绿道和滆湖路(武宜路至龙江路段)绿道;滨河生态型绿道有3条,分别是武南路滨水绿道、312国道滨河绿道和采菱河滨河绿道;历史游憩型绿道有2条,分别是延政路绿道和淹城路绿道;道路生态型绿道有2条,分别是青洋路绿道和长虹路绿道;道路游憩型绿道有5条,分别是南田大道至香樟路绿道、武宜路(兰陵路)绿道、常武路(和平路)绿道、夏城路(丽华路)绿道和聚湖路绿道(图4-3)。

(1)滨河游憩型绿道(图4-4)

① 长沟河滨河绿道:此绿道能够连接聚湖公园、长沟公园、淹城等特色景观绿地,周围主要为居住用地、行政办公用地,宽度不小于20 m,目标是打造成一条集游憩、休闲、健身于一体的城市滨河绿道(图4-26)。

规划自行车道与步行道相结合的游憩道路,全路段配备如自行车租赁站、服务站、信息指引等服务设施(图4-27)。绿化时突出水生植物的应用,当周围为居住绿地时植被需要丰富一些,以隔绝噪音的影响;靠近水面一侧以灌木和草坪为主,打开向水面一侧的视线;在节点处适当布置

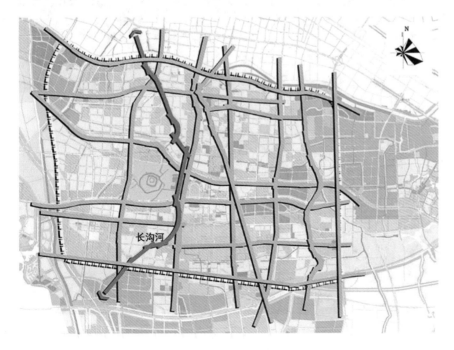

图4-26 长沟河滨河绿道平面

休息的场所,如小广场、小型茶餐厅等。

    ② 湖塘河滨河绿道:该绿道连接湖塘老街与现代科教区,串联新天地与常武路道路节点,周边主要为商业用地、居住用地、教育科研用地,宽度不小于 20 m。结合河道重点打造为生态、历史文化及特色商贸游览绿道(图 4-28)。

图 4-27　长沟河滨河绿道服务设施

a 滨水景观一

b 滨水景观二

c 自行车道

d 休息亭

e 滨水休闲步道

f 亲水平台

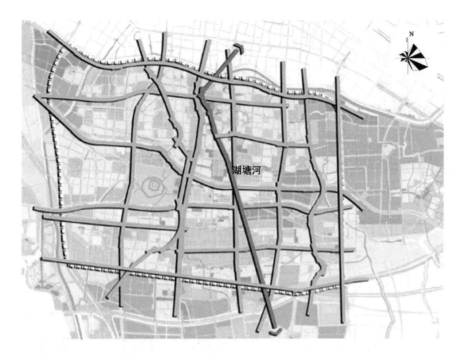

图4-28　湖塘河滨河绿道平面

在商业用地路段,人流较为密集,设置自行车慢行标志,多设置休息场所,注意滨水景观与商业活动的联系,小品设置体现现代都市主题,在科教区路段应符合大学城等片区的风格,小品设计更具文化性、教育性,同时具有现代感(图4-29)。植物配置时选用观赏性较高的植物,注重四季景观的营建,适当运用观赏草、混合花境等(图4-30)。

③ 滆湖路(武宜路至龙江路段)绿道:北临大寨河,滆湖路为近期城市建设道路,通往滆湖景区。河道现状为基本未开发,具有良好的景观基础,周围用地性质主要为居住用地,两侧绿化宽度不小于20 m(图4-31)。规划结合步行道与自行车道游憩路径,建设滨河带状公园。

此段人流较少,植物配置可采用自然、生态方式,乔灌木与水生相结合,营造自然、生态的景观环境(图4-32)。设置进入滆湖景区的指引标志,小品、设施风格自然、简洁,建立简单、通畅的绿道景观(图4-33)。

④ 定安路(采菱河至花园街段)绿道:河道串联采菱河与长沟河,长度较短,周边主要用地为居住用地,绿道宽度不小于20 m(图4-34)。规划结合步行道与自行车道游憩路径,建设滨河带状公园,植物配置可以结合地形设计得相对自然、简单,主要体现绿道的生态功能和社会功能(图4-35)。

a 亲水平台   b 滨水景观

c 雕塑小品   d 特色座椅

图 4-29 湖塘河商业滨
水景观意向   （e）喷泉水景

a 滨水景观   b 花境

图 4-30 湖塘河滨河带状公园意向

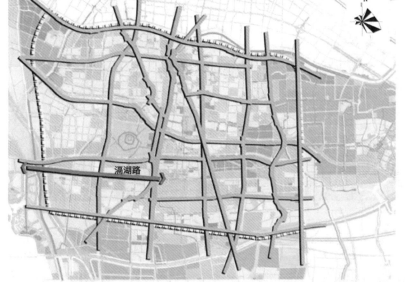

图 4-31 漏湖路绿道平面

图 4-32 漏湖路生态滨水景观意向

a 滨水景观一   b 滨水景观二

c 水中栈道   d 植物

e 指示牌   f 滨水小品

图 4-33 漏湖路绿道景观意向

图 4-34 定安路绿道平面

图 4-35 安定路骑行绿道

（2）滨河生态型绿道（图 4-5）

①武南路滨水绿道：武南路和武南河是武中分区与武南分区重要的东西分割线，北侧用地性质主要为居住用地，南侧用地性质主要为工业用地，滨河带绿化宽度不小于 25 m（图 4-36）。该绿道规划为一个具有时代精神、地域文化特色，富含亲水生态模式的新型滨河风光带。

植物配置在注重生态防护效果的同时，也注重良好的观赏效果，应选择抗性强的植物品种。少量布置活动休息场所，使生态在城市中蔓延，更使整个城市从中受益（图 4-37）。

图 4-36 武南路滨水绿
道平面

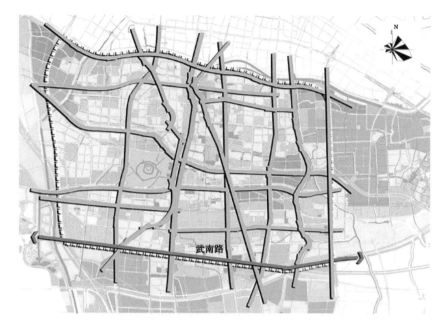

a 河道景观

图 4-37 武南路滨水绿
道景观意向

b 滨水景观

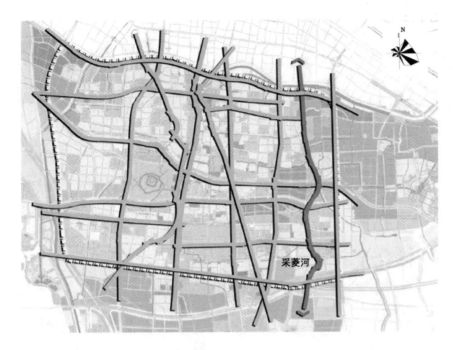

图 4-38　采菱河滨河绿道平面

采菱河

② 采菱河滨河绿道:采菱河是武进地区重要的河运航道,贯穿武进中心城区南北,周围用地性质多为商业用地和居住用地,人流量一般,绿化带宽度不小于 25 m(图 4-38)。

采菱河现状水质遭到了严重的破坏,结合采菱河带状滨河绿地的建设,通过景观恢复与重建,改变周边景观杂乱现状,改善水质,通过植物配置营造生态型景观,可点缀与周边产业有关的小品,建设成为生态休闲、游览观光绿色廊道(图 4-39)。

③ 312 国道滨河绿道:沿京杭大运河滨水绿带,串联聚湖公园,同时是武进区与常州市区连接过渡的景观带,周围多为工业用地和居住用地,绿化带宽度不小于 50 m,有重要的生态防护作用(图 4-40)。

312 国道与京杭大运河都是武进的重要廊道景观,绿道建设时注重生态、文化功能的营建。植物配置选用丰富的种类,可适当选用一些草本花卉和观赏草,规划一定宽度的防护林,小品设置细节应体现武进城区积极、浪漫的品格,可作为进入武进的提示性景观(图 4-41)。

(3) 道路游憩型绿道(图 4-7)

① 常武路(和平路)绿道:常武路(和平路)作为武进区 3 条重要景观轴线之一,道路节点规划建设多个重要节点绿地,道路联通常州市区,中吴大道至长虹路段规划为道路带状公园,周边用地主要为居住用地、商业用地以及教育科研用地。绿道建设自行车道、步行道等以满足周边居民的绿色文化体验。此段绿道串联武进新天地、科教城特色绿地,宽度不小于 20 m(图 4-42)。绿化配置以自然式与规则式相结合,着重突出节点的

图 4-39　采菱河滨河绿
道骑行观光道

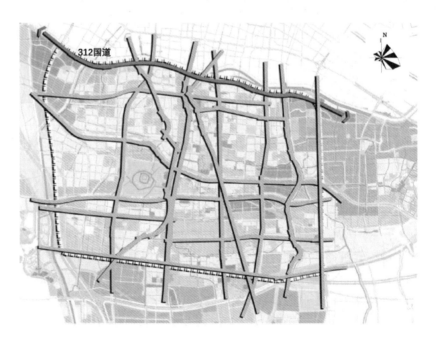

图 4-40　312 国道滨河
绿道平面

a 骑行绿道　　　　　　　　　　　　b 河道景观

c 休闲散步

图 4-41　312 国道滨河绿道景观意向

布置,小品注重突出生活与文化的特色体验(图 4-43)。

　　② 南田大道至香樟路绿道:该绿道穿过南田文化园和三勤生态园,是教育科研景观风貌区的重要景观轴线,周围用地性质主要为教育科研用地、居住用地等,绿化带宽度不小于 20 m(图 4-44)。

　　此段景观条件优越,绿道建设时可布置步行道、自行车道等多种休闲廊道。绿化种植选用观赏性较高的植物,结合地形建设丰富的绿化景观,小品设置应符合周边大学城及绿地的风格,多设置休息停留场所,主要体现绿道的文化功能与游憩功能。

　　③ 武宜路(兰陵路)绿道:武宜路(兰陵路)是武进区与常州市连接的一条主要道路,西邻长沟河,串联教育科研、行政办公、现代都市、历史文

图 4-42 常武路(和平路)绿道平面

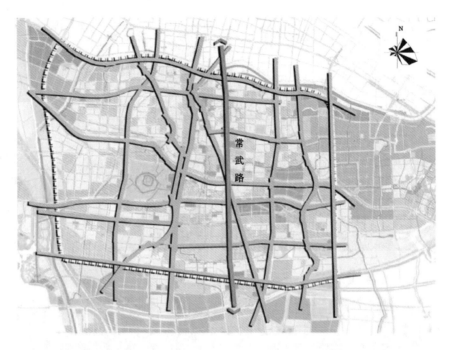

图 4-43 常武路(和平路)绿道景观意向

化多个景观风貌区,绿化带宽度不小于 8 m(图 4-45)。

武宜路(兰陵路)人流量较多,道路本身绿化并不理想,绿道建设时应注重休闲文化功能的体现,植物配置选用多样植物,营造多样化的景观,小品设置可注重对文化和生活气息的表达,适当建设休息活动场所。

④ 夏城路(丽华路)绿道:夏城路(丽华路)也是连接武进分区与常州市的主要道路,在武进区内连接历史文化风貌区与教育科研风貌区,通向南田文化园,周围用地性质多为居住用地和商业用地,两侧绿化带宽度不小于 10 m(图 4-46)。

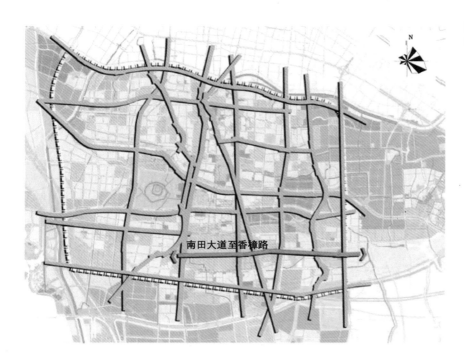

图 4-44 南田大道至香樟路绿道平面

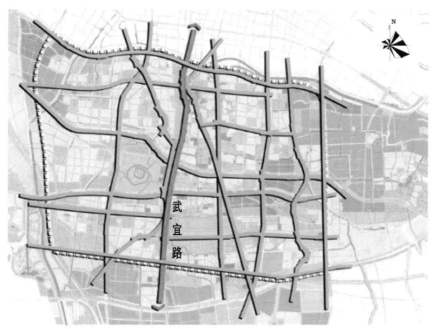

图 4-45 武宜路（兰陵路）绿道平面

　　结合自行车道、步行道等多种游憩道建设绿道。由于现状绿化条件不好,绿道建设应注重道路绿化质量的提高。植物配置时选用多样的种类;常绿与落叶相结合,不同季相景观效果的树木相结合,乔木与灌木及草本相结合。适当设置休息活动场所,小品设置则以突出武进文化为主。

　　⑤ 聚湖路绿道:聚湖路是武进中心城区重点规划建设道路之一,串

图4-46 夏城路(丽华路)绿道平面

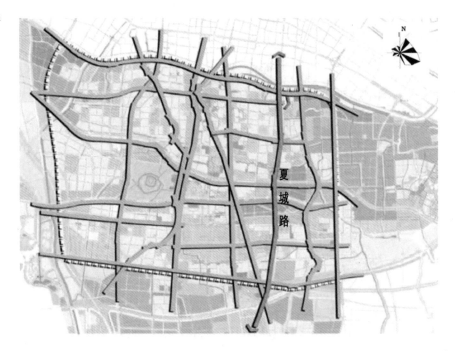

联牛塘公园、聚湖公园等公园绿地,是周边社区重要的绿色廊道,周围用地性质多为居住用地,少量工业用地,绿化带宽度不小于 15 m(图4-47)。

聚湖路现状景观条件较差,周边空气污染也较严重。绿道建设时以植物配置为主,用以改善周边生态环境;建设自行车道、步行道等游憩廊

图4-47 聚湖路绿道平面

图4-48 青洋路绿道平面

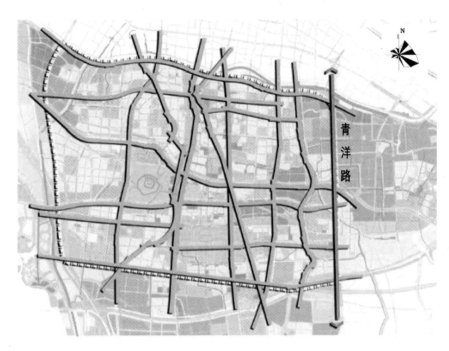

道,提升景观质量;小品设置用以营造生活气息,并体现绿道的生态功能与社会功能。

(4) 道路生态型绿道(图4-8)

① 青洋路绿道:青洋路是城市快速路,局部为高架,串联三勤生态园,周围用地性质多为工业用地,是武进中心城区与东面片区的重要分割带,绿化带宽度不小于20 m(图4-48)。

绿地建设时,注意防护性功能植物的应用,乔、灌、草相结合,改善绿道环境;少量设置活动场所,引导游人快速通过。

② 长虹路绿道:长虹路是武进市重要快速路,横贯东西,连接高品质居住风貌区与行政办公风貌区等,道路沿线规划建设两边各20 m宽的绿化带(图4-49)。

绿道建设时在居住片区加大植物密度,尽量为居民营造安静的生活环境。行政办公区域的植物配置可以模纹为主,现代产业片区的植物配置以防护功能为首要考虑要素,适当设置休息场地。主要体现绿道的生态功能,同时承载休闲游憩等功能。

(5) 历史游憩型绿道(图4-6)

① 延政路绿道:该绿道串联古代文明(淹城)、现代文明(武进区人民政府)、生态文明(西太湖)等多个具有城市代表性的特色景观区,周围用地性质主要为行政办公用地、工业用地、居住用地等,绿化带宽度不小于10 m(图4-50)。

图 4-49　长虹路绿道平面

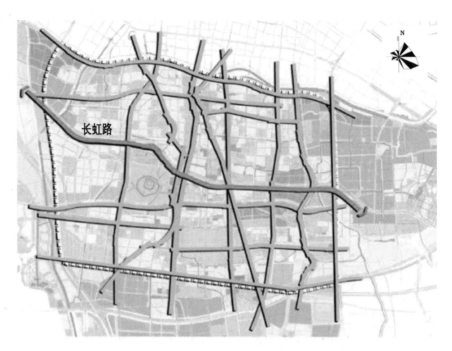

图 4-50　延政路绿道平面

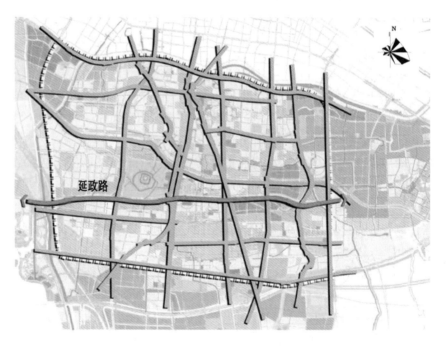

　　延政路道路本身绿化较好,绿道建设时除了要与延政路原有景观风格相符,还要注重夜景的建设,包括路灯、广告牌以及两侧建筑的亮化等。绿道建设时主要展现武进城市主题,建设成为旅游观光、休闲游憩、文化娱乐活动相结合的景观绿廊。

　　② 淹城路绿道:串联聚湖公园与春秋淹城、烈士陵园等城市特色绿

图 4-51 淹城路绿道平面

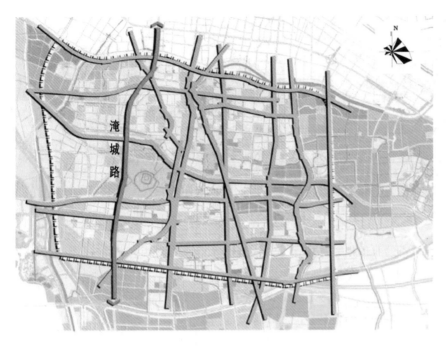

地,周围用地主要为居住用地、公园用地以及教育科研用地,人流密集,绿
化带宽度不小于 20 m(图 4-51)。

淹城路本身是武进区重要的历史文化景观轴线,绿化基础也较好,绿
道建设时主要展现绿道的文化属性,承载城市文化内涵,布置旅游观光、
休闲游憩等多样的活动。植物配置时选用观赏性较高的植物,以丰富绿
化景观。小品设置要符合春秋淹城的文化气息。

3)城市慢行系统与绿道的结合——城市慢行绿道环

慢行系统的建立依托于城市绿道,以绿道为基础,在城市游憩型绿道
设立单独的自行车通道和步行通道,使行人远离城市中嘈杂的环境,慢行
于绿色空间之中。无论是市民还是游客,通过简单的交通工具,在景色优
美的绿色慢行廊道中行走即可到达城市各个大型绿地。

城区中已规划的绿道网络可以将武进区完整地覆盖,绿道已经将城
市中各个公共绿地串联,在此基础上在城区中心规划城市慢行绿道环,铺
设单独游憩的自行车道,设置自行车租赁点,提供道路指引,环线串联城
市中的公园绿地、城市广场等绿地(图 4-52)。

为了达到"公园无边界,有机融城市"的目标,将慢行系统与绿道的建
设有机地结合,形成慢行绿道环,串联南田文化园、三勤生态园、春秋淹城
风景区、武进新天地广场、大学城、科教城等较大型的绿地以及多个小型
节点绿地。由绿道网络形成的这条绿色慢行环犹如一条绿色的翡翠项
链,紧紧镶嵌在城区中,无论是市民还是游客,都可以自由地享受大自然
的恩惠。公园与城市之间的界限也由于绿道的串联而变得越发不明显,

a 骑行绿道   b 滨水景观

图 4-52　城市慢行绿道
平面

与城市的肌理相融合,使市民真正感觉到生活在城市大花园中(图 4-53)。

4) 城市绿道规划典型案例分析

(1) 成都锦江区 LOHAS 绿道

LOHAS 即乐活,又称乐活生活、洛哈思主义,是英语 Lifestyles of Health and Sustainability 的缩写,强调"健康、可持续的生活方式"。

成都锦江中心城区首条大型绿道——锦江 198·LOHAS 绿道,一期示范绿道长 6.7 km,沿途打造了诸多节点景观。设有免费的自行车租赁点,游客可以在自行车环线上自由地骑行,市民也能够亲近大自然、在"家门口"体验绿道(图 4-54)。该绿道在设计规划上将一种健康、可持续的生活方式融入其中。

(2) 西安市绿地系统中环城公园绿道规划

西安环城公园是以西安老城区城墙为背景,以环城绿带为骨架构成的绿色空间,以水道和绿道为纽带,将主城区中公园、游园、林荫大道等串联起来。整个空间具有强烈的历史文化气息,具有生态绿化、公共休闲、城市标志等功能(图 4-55)。

图 4-53　武进城市慢行
绿道环

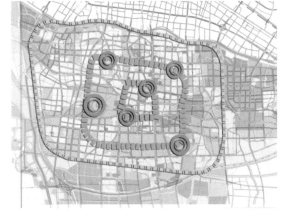 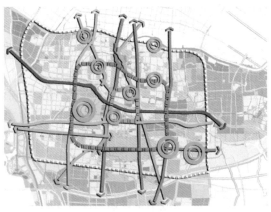

a 自行车租赁点　　　　　　　　　　b LOHAS单车艺术走廊

c 主题雕塑小品　　　　　　　　　　d 自行车道指示牌

e 自行车道一　　　　　　　　　　　f 自行车道二

　　西安市绿地系统规划提出了大园林的规划理念,将自然空间格局和历史空间格局结合,构成"主城区—防护绿地—外围新城—小城镇"的城市绿地体系结构(图4-56)。

图4-54　成都锦江区自行车道

　　(3)新加坡公园连接绿道

　　新加坡的土地资源很紧张,有大量的回填土地,在城市中建设大量的公园难度较大,因此新加坡利用现有的公园和小面积的绿地将整个公园连接,形成公园绿道,运用生态化原理和景观的构景手法将休闲娱乐设施、绿化景观与公园、自然保护区、湿地交通网络、教育场所、居住区等联

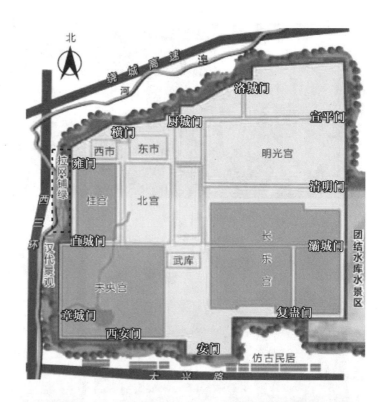

图 4-55　西安环城公园
地图

a 环城公园鸟瞰图

b 西安城墙

图 4-56　西安城市绿地
系统

系起来形成一个完善的绿化网络。这个规划中的绿道设有缓行道、休息区、距离标记(图 4-57)。

　　1995 年新加坡建立的第一个绿道就是：白沙公园与樟宜海滨公园连道，这个连道主要是连接住宅和学校区域，使得学生能够安全、舒适地上

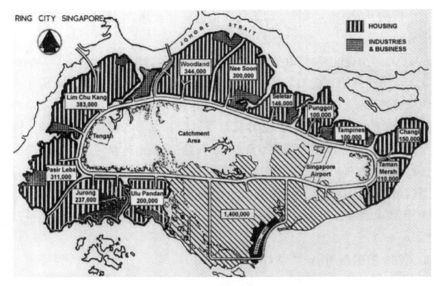

图 4-57　新加坡绿地系统规划

a 新加坡绿道理念图

b 新加坡公园　　　　　　　　　　c 新加坡城市绿道

学、放学,并且对河流进行了合理化的设计,注重生态化建设,提供自行车道、步行散步道等一系列人性化的设施,同时还包含有座椅、亭廊等休闲设施,整体结构很完善。

（4）英国伦敦绿道建设

1944 年由帕特里克·阿伯克隆比(Patrick Abercrombie)主持编制的《大伦敦规划》(*Greater London Plan*),形成了由绿带限制城市的发展,并界定中心城市与周围卫星城的大伦敦城市发展布局,规划在距伦敦市中心半径约 48 km 的范围内,由内到外划分了 4 层地域环,即内城环、近郊环、绿带环和农业环。绿带环宽约 11~16 km,作为伦敦的绿色游憩地区。现状伦敦已建成的绿带面积约 4 860 km²,最宽处约 35 km。通过实行严格的开发控制,保持了绿带的完整性和开敞性,有效阻止了城市的过度蔓延。

(5)美国波士顿城市公园系统

美国是绿道建设最早的国家。早在 1867 年,由弗雷德里克·劳·奥姆斯特德(Frederick Law Olmsted)领导设计完成的波士顿公园系统(Boston Park System),又称为"翡翠项链",开创了绿道建设的先河。波士顿公园系统由绿道和绿色空间组成,长达 25 km,连接了富兰克林公园(Franklin Park),经过阿诺德植物园(Arnold Arboretum)以及牙买加公园(Jamaica Park),到达波士顿公地(Boston Common),同时将河滩地、沼泽、河流和具有天然美的土地都包括了进去,形成了一连串的绿色空间(图 4-58)。

(6)德国斯图加特"绿 U"

在德国,绿道成为推动旧城更新的重要手段。于 1993 年举办的第五届国际园艺展(即 1993 年斯图加特国际园艺展)中完成的"绿 U",位于斯图加特市中心城区,占地 5.6 km²。该项目由汉斯·卢兹(Hans Luz)领导设计,利用新建的公园,把皇家花园、玫瑰石花园、莱符理赦花园、瓦特堡和旗勒斯堡公园的花园绿地以及城市原有的分散绿地连成一个环绕城市东、北、西长 8 km 的"U"型绿带,并通过这条绿带将市中心由国王大街、王宫广场、王宫花园等组成的步行区以及内卡河沿岸绿地,与周围的原野、果园、葡萄园和森林联系起来,使得斯图加特城市公共空间和绿地形成了一个呈"U"型的完整体系,彻底改善了城市的结构和环境,提高了公园绿地的使用效率。1994 年后,这条绿带又往前延伸,把整个城市环绕了起来,形成了长达 18 km 的步行道。

图 4-58　美国波士顿公园体系示意图

国外在经历了公园运动和开放空间规划的浪潮之后,其开放空间和

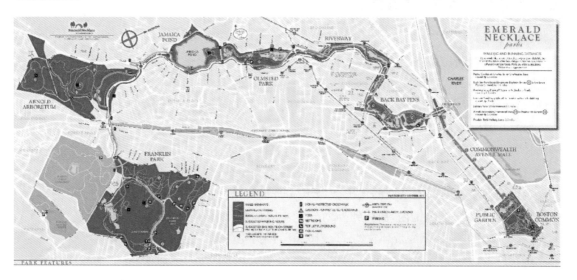

绿地已形成一定的规模。因而他们现在的任务,就是在全国各个层次上将这些分散着的绿地空间以绿道的形式进行连通,从而形成具有整体性的绿道网络。我国城市公园、开放空间的规划和建设较晚,发展的层次较低,现有的绿地水平也还未能很好地满足公众的需求,进行相关的规划实施是必然的趋势。

近百年的绿道实践结果表明,通过绿道规划与建设,能够有效地解决由于城市建设与相关建设法规不协调而引发的"先污染后治理""揠苗助长""竭泽而渔"等诸多问题。中国在经济腾飞、城市化进程不断加快的过程中,也出现了城市空间无序蔓延、土地日趋紧张等问题,同时也引起生态环境日益脆弱等问题。因此,一方面,绿道对于建构我国的自然保护网络具有重要的生态学意义;另一方面,绿道从宏观区域层次到地方层次多层次规划构建了一个可实施的战略性框架,为如何在各层次上做到相互衔接和控制提供了实践依据,尤其对于快速城市化过程中,构建融生态廊道与非机动车绿色通道为一体的城市绿色通道网络系统(绿道网络)更具有必要性和重要意义。

4.3.2.3 花境网络规划

1) 武进中心城区花境营建前期分析

武进的嘉泽、夏溪素有"花木之乡"之称,拥有良好的花木基础。2013年,第八届中国花博会在武进嘉泽举行。武进城区"十二五"规划目标是打造一个高品质的精致社区,而花境的建设也符合这一目标。武进的城市名片为"花都水城,浪漫武进",花境建设有助于实现这一目标。但是武进城区现状绿化条件并不好,花境整体效果的营建任重而道远(图4-59)。所以武进中心城区可以通过花境建设提高城市形象,提升城市的品质。

一二年生花卉花境色彩艳丽,能较好地烘托节日的气氛,但需要经常更换,费时费力。球宿根花卉花境具有较长的观赏期,但由于品种不同花

图 4-59 武进滨水花境

图4-60 武进混合花境

期就不同,花境的营造需要更多花期不同的植物品种。观赏草花境姿态优美,飘逸自然,但是冬季景观却十分凋敝。灌木花境有很好的四季景观效果,但却没有变化,只能呈现出一种稳定的景观。混合花境结合多种花境形式,观赏期长,季相变化丰富,可以在很多场合中应用(图4-60)。对于武进中心城区来说,花境的设计以混合花境和灌木花境为主,配合观赏草花境、一二年生花卉以及球宿根花境进行营建。

花境适用于林缘、路缘,根据武进中心城区各道路、各公园的实际情况以及城市总体规划和城区的绿地系统规划,重点在以下几个地方营建花境景观:

(1)延政路 延政路既是城区重要景观轴,又是规划的典型绿道;东至滆湖景区和嘉泽、夏溪,西通向宋剑湖,穿过淹城、区政府等重要节点;现状绿化条件较好,建议在中央分隔带节点和两侧道路绿地适当营造花境景观(图4-61a)。

(2)常武路 常武路是规划中的现代都市景观轴,同时为游憩型绿道;联通常州市区与武进;串联武进新天地、科教城等特色绿地;现状绿化有待改善,可以在立交桥转盘节点、路侧绿地等适当营造花境景观(图4-61b)。

(3)长沟河 长沟河贯穿武进中心城区南北,串联聚湖公园、长沟公园、淹城和智慧谷,现状水质条件并不是很好,但景观提升潜力大,花境营建可以净化水质,美化环境(图4-61c)。

(4)长沟公园　长沟公园是规划待建公园。位于武进中心城区北片区,周围交通便利,多为居住区,主题定位为百花公园,花卉种植以营造各种花境景观为主,包括混合花境、灌木花境、观赏草花境等(图4-61d)。

(5)道路(淹城路、长虹路)和公园(牛塘公园)　道路与公园中可将花境建设作为一个辅助景观,表达道路及公园的主题(图4-61e、图4-61f)。

(6)聚湖路、花园街(图4-61g)、武宜路,新天地公园、定安公园、南田文化园,湖塘河河道　这些地方可将花境建设为一个点缀景观,使花境建设在武进中心城区能形成一个系统。

2)武进中心城区各种花境营建分类

武进中心城区中花境的营建根据位置的不同可以分为三种类型:道路花境、公园花境和滨水花境(图4-2a)。道路花境主要分布于道路路缘,包括中央分隔带、路侧绿化带,主要作用为缓解司机和游人的视觉疲劳。公园花境主要分布于公园林缘,用以烘托公园的气氛和主题,营造优美景观。滨水花境主要分布于河流湖塘边,以湿生植物为主,用以保护水质和美化环境。

3)武进中心城区各种花境营建方法

(1)道路花境设计方法　主要采用混合花境和灌木花境,配以观赏草花境。设计时注意反映季相的变化,另外不同道路上的花境设计也应有所不同。

中央分车带花境可设于路口节点处,可给停留的司机和游人带来丰富的视觉景观,但花境设计不宜复杂,且少量使用一二年生花卉,以减少潜在的危险(图4-62)。

分车带节点是城市道路景观系统中重要的"点"区域,通常是人流相对集中或停留的地方(图4-63)。在延续很长一段按照同一规律重复构成的分车绿带后,分车带节点可以作为一个重要的变奏点,利用花境营造出不同风格的视觉效果,使司机、行人耳目一新、舒缓审美疲劳。

分车带花境设计时由于分车带节点属高危地带,应尽量减少绿化管理次数,选用对管理要求不高的植物;具有长期观赏效果的观叶、观花灌木在分车带节点花境中应占有30%～35%的比例;不能使用叶密高大的乔灌植物,也不应大面积使用1.5 m以上的花卉,以免遮挡视线;因面积较小所以植物种类不宜过多;夏、秋季及时更换一二年生花卉。

a 延政路现状   b 常武路现状

c 长沟河现状（规划中）   d 长沟公园现状（规划建设中）

e 淹城路现状   f 长虹路现状   g 花园街现状

图 4-61 武进城区各道
路、各花园现状

图 4-62 道路花境

图 4-63　分车花带

路侧绿带位于道路两侧,非机动车道或人行道两侧。路侧绿带设计时可以适当增加花境,给游人带来丰富的视觉体验(图 4-64)。

路侧绿带花境设计时,色彩以主色调的运用与重复为主,其他色彩起烘托的作用,衬托主景植物的色彩与质感。在较长距离的行程中,为了缩短人们经过时的心理感觉时间,减缓坐车或步行的疲劳感,应多使用冷色系的植物营造景观,间以较为跳跃的色彩,整体令人感觉舒适宁静而局部使人兴奋愉快。

交通绿岛通常位于十字路口的中心或丁字路口转角处。交通绿岛的绿化多采用花境的形式来布置,可有效缓解驾驶员的视觉疲劳。

交通绿岛花境设计时,以常绿乔灌木和宿根花卉为主,少量点缀一二年生的时令花卉,不过分追求绚丽的色彩,保证驾驶员在获得视觉欣赏的同时不被过多纷乱的色彩所干扰;它以立面层次丰富、群落结构稳定、色彩简单和谐为首要设计原则,保证花境具有持续的观赏效果[81](图 4-65)。

(2)公园花境设计方法　公园花境设计时可结合一些雕塑、花钵、景墙等小品设计。同时注意避免到处都是,不仅增加了管理的成本,而且容易引起视觉疲劳。公园入口的花境以一二年生花卉为主,背景可以使用灌木,结合花坛的使用,营造出热闹的氛围(图 4-66)。公园路缘、林缘花境多为单面观赏花境,为方便公园管理,花境设计时可根据需要使用多种类型的花境,以突出公园主题,营造浪漫的气息。

图 4-64　路侧花带

图 4-65　交通绿岛花境

a 喷泉花境

b 路侧花境

c 花田

d 花坛

图 4-66 公园花境

公园花境的适当运用,不仅可以提高公园中整体植物的配置水平,而且可以营造一种晨昏和四季的变化之美。

在进行公园花境设计时,可以广泛使用不同的植物混合种植,以延长观赏期;丛状植物选择以慢性生长植物为主,避免生长迅速造成倒伏或无限制蔓延(图 4-67);背景营造时选择常绿的灌木或小乔木密林,如桂花、香樟等;可以点缀一些小品,如景石、雕塑、花坛等,用以增加花境的观赏性。

(3)滨水花境设计方法 以球宿根花卉花境和观赏草花境为主。因滨水环境的特殊性,花境设计时以湿生花木或耐湿花木为主,如蒲苇、菖蒲、水烛、慈姑、千屈菜、佛甲草、铁线蕨、夹竹桃等(图 4-68)。花境设计时注意应具备净化水质的功能。

4)武进中心城区花境营建详细实例节点分析

延政路路侧绿地花境建设一的植物配置为乔木:桂花＋鸡爪槭＋香樟;灌木:八角金盘＋阔叶十大功劳＋大花六道木＋红叶石楠＋匍枝忍冬＋南天竹＋八仙花＋山茶;一二年生花卉:三色堇＋矮牵牛＋黄金菊;多年生花卉:红花酢浆草＋紫叶酢浆草＋蓝花鼠尾草＋银叶菊＋凹叶景天

图 4-67　慢性生长花境

＋金边阔叶麦冬＋阔叶麦冬＋大花萱草;观赏草:花叶芦竹＋五节芒＋细
叶芒＋燕麦草;藤本:扶芳藤＋半常绿藤本(图 4-69)。

　　5)城市花境设计典型案例分析

　　(1)道路花境——杭州莫干山路分车带节点花境(图 4-70)

　　在道路分车带节点处利用花境营造出不同风格的视觉效果,使司机、
行人耳目一新,缓解审美疲劳。植物选择上挑选易于管理的宿根花卉,植
株高度控制在安全高度以内。

　　(2)道路花境——上海交通绿岛花境(图 4-71)

　　以常绿乔灌木和宿根花卉为主,少量点缀一二生的时令花卉,不过
分追求绚丽的色彩,保证驾驶员在获得视觉欣赏的同时不被过多纷乱的

图 4-68 滨水花境

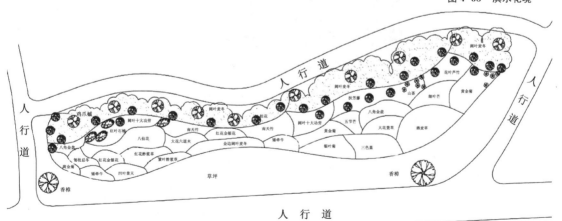

图 4-69 延政路路侧绿
地花境建设平面布置

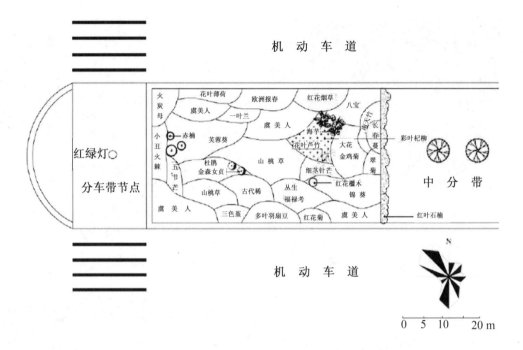

图 4-70 杭州莫干山路分
车带节点花境平面布置

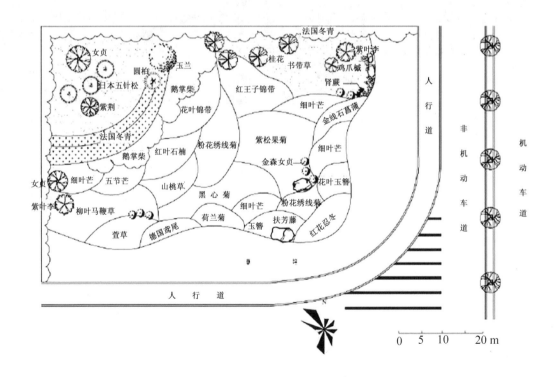

图 4-71 上海交通绿岛
花境平面布置

色彩所干扰。

（3）道路花境——杭州路侧绿带花境（图 4-72）

路侧绿化营建色彩丰富的花境，在较长距离的行程中，可以缩短人们经过时的心理感觉时间，减缓坐车或步行的疲劳感。

（4）公园花境——杭州西湖风景区曲院风荷花境（图 4-73）

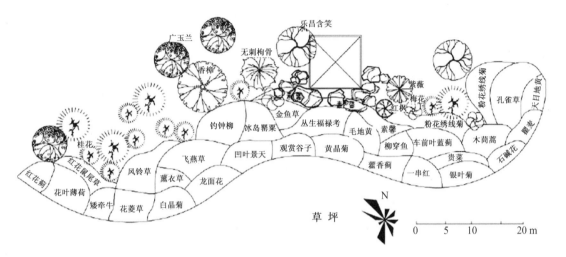

图 4-72　杭州路侧绿带花境平面布置

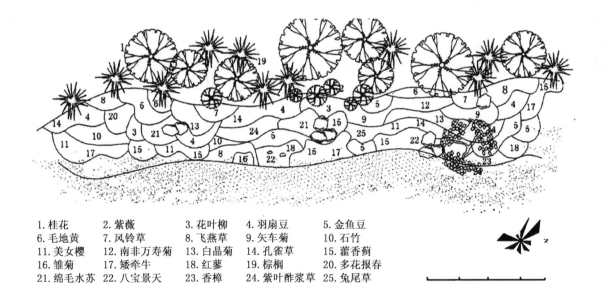

1. 桂花	2. 紫薇	3. 花叶柳	4. 羽扇豆	5. 金鱼豆
6. 毛地黄	7. 风铃草	8. 飞燕草	9. 矢车菊	10. 石竹
11. 美女樱	12. 南非万寿菊	13. 白晶菊	14. 孔雀草	15. 藿香蓟
16. 雏菊	17. 矮牵牛	18. 红蓼	19. 棕榈	20. 多花报春
21. 绵毛水苏	22. 八宝景天	23. 香樟	24. 紫叶酢浆草	25. 兔尾草

图 4-73　杭州西湖风景区曲院风荷花境平面布置

4.3.3 武进城市绿地景观结构解读

1）整体布局介绍

在武进区规划建设绿道网络、重点区段建设特色花境，引入文化主题，通过三重网络布局的叠加，形成"一核、六廊、五片、双环串珠"的景观结构，突出武进以文为脉、以绿为纲、以色增彩的绿地特色（表4-5）。

表 4-5 整体布局

类别	绿地名称	特色主题	景观风格	特色树种	城市家具风格特色
一核	春秋淹城	春秋文化	现代、大气、稳重	香樟、黄连木、桂花、夹竹桃	注意体现春秋文化
六廊	淹城路	浪漫水环、卷轴春秋	现代、文化、大气	香樟、榉树、黄连木、紫薇、桂花、含笑	以反映春秋淹城文化为主题，现代样式融入古典设计元素
	延政路	花漫新都	现代、文化、大气	香樟、红果冬青、碧桃、早樱、晚樱、红花檵木、毛杜鹃、绣线菊	多元文化的融合，体现简洁、现代
	湖塘河	花暖人心	生态、宜人、精致	麻栎、枫杨、水杉、化香、豆梨、红枫、六道木、女贞	生活化的景观设施，体现现代感
	武宜路（兰陵路）	水墨江南	文化、古典、大气	马褂木、香樟、红枫、木槿、木芙蓉、伞房决明	以吴文化为主题，色彩淡雅清新
	聚湖路	清雅流光	简约、融合、流畅	马褂木、广玉兰、二乔玉兰、梅花、紫叶李、花桃、紫叶桃、石楠	设置以道德文化为主题的小品，色彩稳重、淡雅
	采菱河	晴岚卷香	生态、简约、自然	乌桕、重阳木、喜树、楝树、红叶李、龟背竹	展现生态主题，较少的人工设施，色彩以黄绿为主，与景观融合

类别	绿地名称	特色主题	风貌特色
五区	历史文化风貌区	历史、典雅	形成以武进历史文化为景观核心的景观风貌格局
	现代都市风貌区	现代、都市	体现高效、繁荣、舒适、共享和商业文化等品质特性，展现具有都市特色的现代风貌
	高品质居住风貌区	现代、宜居	景观延续西太湖自然生态景观风格，营造高品质居住环境
	行政办公风貌区	现代、大气	形成具有武进城市发展特色的景观风貌，展现武进的发展进程和武进人民的进取精神
	教育科研风貌区	教育、自然	体现文明、高精尖新科技和优美、安静、浓郁的学术文化氛围，以及良好的生态环境

类别	特色主题	景观风格	植物景观	绿道设计	小品设施
双环串珠	刻印传统、尚德迄今	生态、宜人、自然、精致	规则式与自然式相结合的多层次生态群落，现代、自然、大气、宜人，具有地标性，营造多样绿地空间	全程为绿道建设，串联6个公园绿地	提示性路标、自行车租赁站、景观小品的设计融合文化元素，表现手法现代

2）"一核"：春秋淹城（图4-74）

春秋淹城景区绿地处于核心片区，区政府西侧，面积最大，影响力最

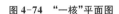

图 4-74　"一核"平面图

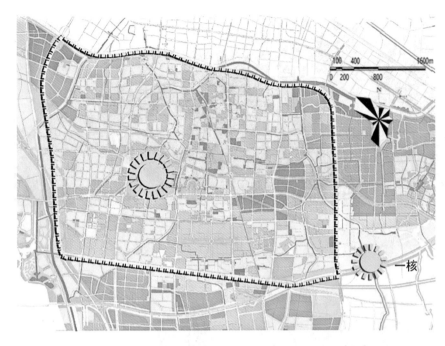

强。春秋淹城景区公园周围用地性质主要为居住用地、行政用地、商业用地等。景区绿地在绿地系统中属于公园绿地中的专类公园,服务于周边居民,彰显城市特色。绿地的特色主题是春秋文化,景观建设时注重体现春秋文化景观小品和建筑的建设,同时周边辐射区域内与淹城特色保持一致(图 4-75)。春秋淹城景区的景观风格是现代、大气、稳重。

3)"六廊":延政路、淹城路、武宜路、湖塘河、聚湖路、采菱河

(1)延政路的主题为花漫新都(图 4-76)　延政路横穿武中分区,串联古代文明(淹城)、现代文明(武进区人民政府)、生态文明(西太湖)等多个具有城市代表性的特色景观区,是武进区最具代表性的一条景观大道和景观轴线,同时是历史游憩型绿道。道路绿地设计以乡土树种为主,增加开花有色树种,形成绿意盎然、花团锦簇的景观效果,体现花木之都的特色。同时在道路重要节点处设置具有城市特色的景观雕塑,打造武进标志性景观大道。

延政路的文化特色为花木之都、生态新城。延政路景观主打花木文化,道路绿化体现生态景观,运用特色花木,乔灌草结合,注重植物造景,合理布置道路花境,营造特色城市绿廊(图 4-77)。

结合特色城市家具与景观小品、雕塑的设计,点明道路的文化主题。特色景观元素从绿地延伸到道路绿地节点空间中,运用抽象元素符号的表达,来展现绿地特色。

植物配置方面运用规则式与自然式相结合的多层次生态群落,注重花境的营建。

图 4-75　春秋淹城

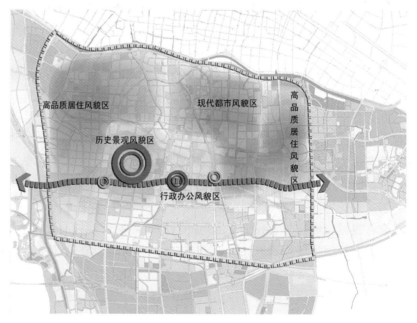

图 4-76　延政路平面图

a 城市绿化

b 道路花境

图 4-77 延政路城市绿廊景观

图 4-78 延政路道路绿化

道路绿化选择乔木＋灌木＋地被的模式，比如雪松、红果冬青＋碧桃、紫薇、红花檵木、女贞、黄杨＋红花酢浆草、二月兰(图 4-78)。

小品设计主要包括雕塑、路灯、花钵等，将花文化元素、历史人文景观元素融入其中,体现人文性、生态性和现代感(图4-79)。

选用实用、生态环保的铺装材料,样式现代、大气,运用流行元素体现现代感(图4-80)。

布置特色城市家具,在与周边环境融合的同时体现武进多元文化的交融,座椅、灯具、报亭等融入现代设计元素(图4-81)。

延政路现状绿化条件较好,绿地特色改造时以花为主体,营造各色花境景观。花境类型可以是混合花境、灌木花境、观赏草花境,建议在中央分隔带节点和两侧道路绿地建设,并注意反映季相的变化。分车带花境设计时应尽量选用对管理要求不高的植物;具有长期观赏效果的观叶、观花灌木在分车带节点花境中应占30%～35%的比例;不能使用叶密高大的乔灌植物,也不应大面积使用1.5 m以上的花卉,以免遮挡视线。路侧绿带花境设计时,色彩以主色调的运用与重复为主。为了减缓坐车或步行的疲劳感,应多使用冷色系的植物营造景观,间以较为跳跃的色彩,整体令人感觉舒适、宁静而局部使人兴奋愉快(图4-82)。

图4-79 延政路道路小品

图 4-80 延政路道路铺装

a 特色座椅

b 多功能报亭

图 4-81 延政路特色城市家具

a 延政路现状

b 延政路花境

图 4-82 延政路绿化现状   c 分车带花境

（2）淹城路的主题为浪漫水环、卷轴春秋（图 4-83）　淹城路串联聚湖公园与淹城、烈士陵园等城市特色绿地，作为常州市通向武进春秋淹城景区的一条景观大道，是武进区重要的历史文化景观轴线。道路两侧绿化带基础条件较好，中间分隔带宽度为 14 m。

淹城路的文化特色为春秋文化。淹城路绿地景观建设分为 3 段，其中北段（312 国道—长虹路区段）以古运河口、卷轴之幕为主题；中段（长虹路—延政路区段）以诸子春秋、浪漫水城南为主题，将春秋历史文化的一些元素运用到绿地设计中；南段（延政路—战斗路区段）以精致社区、精彩生活为主题。各主题通过景观小品、雕塑、各类城市家具的设计来表现。

春秋时期的历史典故众多，伯牙子期的故事也发生在这里。淹城是

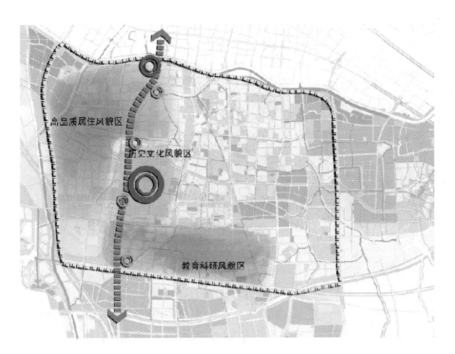

图 4-83　淹城路平面图

重要的历史遗迹，城内有很多传说，如神龟救奄、双龟造河、奄王斩女、奄王金索、火攻奄城、瑶岭钟声、龙泉通江、岳飞屯兵淹城、岳帅墨宝留淹城、行雍僧独修茅庵等。三轮盘、鼎、剑等轻巧且带有装饰性的器物，将淹城三城三河的模纹以及一些铜器的花纹加以提炼，作为文化的象征符号应用于景观小品中(图 4-84)。

a 孔子学琴

b 编钟

c 装饰花纹样式一

d 装饰花纹样式二

图 4-84　淹城路景观小品中的文化象征符号

a 立体花坛   b 道路绿化

图4-85 淹城路绿化现状　　淹城路为城市主干道,现状行道树为香樟,长势较好。植物种植时辅助表达道路主题,以规则式与自然式相结合的多层次生态群落体现历史生态的气息。树种以夏、秋季观赏品种为主(图4-85)。

道路树种选择乔木＋灌木＋地被模式,比如榉树、黄连木、香樟＋紫薇、桂花、夹竹桃、含笑、月季、石榴、石楠＋二月兰、韭兰、阔叶沿阶草等。

花卉选择有瞿麦、月季、鸢尾或栀子等。

(3)武宜路的主题为水墨江南(图4-86)　武宜路是武进区与常州市连接的一条主要道路,西邻长沟河,串联多个公园绿地,设置有 BRT 快速公交,人流量较多。作为重要的道路游憩型绿道,道路主题定位为吴文化,彰显城市文化内涵。

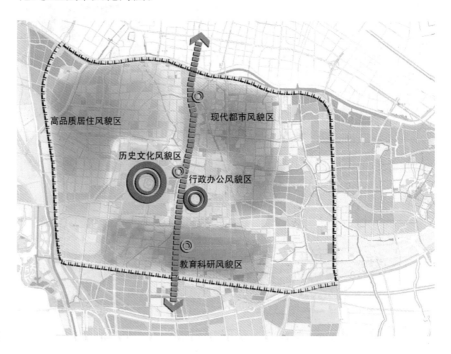

高品质居住风貌区　　　　　　　现代都市风貌区

历史文化风貌区

行政办公风貌区

教育科研风貌区

图4-86 武宜路平面图

图4-87 武宜路城市景观

武宜路的文化特色为水墨江南、吴文化。武宜路道路绿地建设时从南到北展现武进的历史文化，从春秋到现代，顺次展开（图4-87）。多个景观节点可以展示吴文化的多个特色方面："运河文化""江南文化""吴文化"，建筑多以灰、白、黑为主色调，综合展现武进特有的文化积淀。季札三让，是继太伯三让之后的又一经典三让，因此也就有了"礼让、谦让、贤让"这一三让文化，是武进传承的文化经典。除此之外，季札的事迹还有徐墓挂剑、大义救陈等，这些都是武进特有的吴文化经典。将吴国的一些代表图案和人文风貌以及"吴"字作为文化的象征符号应用于景观小品中。

武宜路为城市主干道，部分路段有行道树，为香樟。武宜路周边以居住、商业为主，宜营造通透、宜人的植物景观。以乔木和地被为主，树种简单且观赏性强，以秋季观赏品种为主。

道路树种选择乔木＋灌木＋地被的模式，比如马褂木、香樟＋红枫、木槿、木芙蓉、伞房决明＋玉簪。

花坛花卉选择有铃兰、凤仙花、蜀葵、金光菊、吉祥草等（图4-88）。

武进特有的吴文化展示：季札三让——礼让、谦让、贤让。花纹符号：将吴文化的象征符号应用于景观小品中（图4-89）。

图4-88 武宜路花坛花卉

a 铃兰 b 凤仙花

a 竹简   b 石雕

图 4-89　武宜路景观小

（4）湖塘河的主题为花暖人心（图 4-90）　湖塘河流经武进新天地、

品中的吴文化
科教城等特色绿地，紧邻花园街商业街，绿地宽度不小于 20 m。周边多
为商贸区、居住区、科教城等与居民生活联系紧密的区域，因此结合河道
重点打造为生态、历史文化及特色商贸游览绿道。

湖塘河的文化特色为鲜花、科教。以滨水花境的营建为重点，选择湿
生植物与花卉，重要节点处布置休闲场所；融合科技、人文等多元文化元
素，营造浪漫的气息（图 4-91）。

在商业用地区，注重滨水景观与商业活动的联系，小品设置体现都
市主题；在科教区，小品设计结合文化性、教育性，同时具有现代感
（图 4-92）。

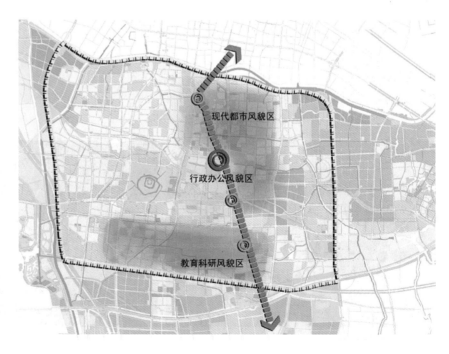

图 4-90　湖塘河平面图

图 4-91　湖塘河滨水景观

服务设施与周边环境融合,以体现武进多元文化的交融,座椅、灯具、报亭等融入现代设计元素。

图 4-92　湖塘河商业滨水景观意向

湖塘河贯穿城市南北,毗邻花园街商业街,所以滨水的休闲游憩功能

a 美人蕉

b 花蔺

c 再力花

图 4-93 湖塘河滨水花境植物

较为重要。植物配置时应根据人们各种活动,如休息、聚会等营造不同的空间氛围。树种选用无毛无毒的中生和湿生树种,加上水生植物的运用,建设多层次的生态宜人的植物群落。

河道树种选择乔木＋灌木＋地被的模式,比如麻栎、枫杨、水杉＋化香、豆梨、红枫、六道木＋麦冬等。

滨水花境植物配置包括湿生植物、挺水植物、浮水植物,湿生植物有万年青、落新妇、美人蕉、玉簪、湿生鸢尾等,挺水植物有菖蒲、花蔺、香蒲、芦苇、再力花、荷花等,浮水植物有睡莲、凤眼莲等(图 4-93)。

(5)聚湖路的主题为清雅流光(图 4-94) 聚湖路是中心城区重点规划建设道路之一,现状景观较差,有较大的提升空间。该道路串联牛塘公园、聚湖公园等公园绿地,周围用地多为居住用地,绿化宽度不小于15 m,规划为道路游憩型绿道,是一个日常休憩、健身、娱乐的绿色文化廊道。

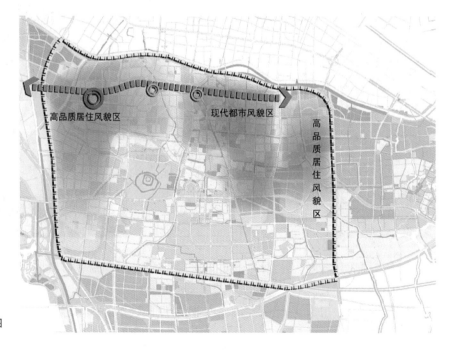

图 4-94 聚湖路平面图

　　　　　　a 树池　　　　　　　　　　　　　　　　　b 城市景观

　　聚湖路的文化特色为花团锦簇、绿荫江南（图 4-95）。道路周边绿地节点布置混合式花境，以展现武进的现代花都风貌。与延政路、湖塘河一起构建花境网络布局，营造花都气息。

　　布置特色城市家具，与周边环境融合的同时体现出武进多元文化的交融（图 4-96）。设置结合花境的雕塑小品，采用多种材料如木、金属、石头、植物等，来表达武进的时代气息。

图 4-95　聚湖路道路景观意向

a 花池

图 4-96　聚湖路特色城市家具

　　　b 城市景观　　　　　　　　　　c 铺装

a 福禄考   b 大花飞燕草   c 铃兰

图 4-97 聚湖路花境植物

聚湖路为次干道,沿线居民楼、店铺较多,较为杂乱。现状行道树有马褂木、广玉兰、泡桐,长势较弱。采用多层次、自由配置的绿化以及运用花境,打造亲和力强、能融入居民生活的绿化景观。选用观赏性强、分枝点高的树种,灌木层以春季观花品种为主。

道路树种选择乔木+灌木+地被的模式,比如马褂木、广玉兰、二乔玉兰+梅花、紫叶李、花桃、紫叶桃、石楠、海桐+白三叶、红花酢浆草等。

花境植物配置:春天的丁香、金银木、木瓜海棠、锦带花、红叶石楠、迎春、矮牵牛、柳叶绣线菊、鸢尾、桂竹香、三色堇;夏天的紫薇、紫叶李、茉莉、栀子、月季、蜀葵、金鱼草、夏堇、剪秋罗、花烟草、景天;秋天的红枫、金桂、红瑞木、南天竹、大丽花、醉蝶花、番红花、四季秋海棠;冬天的蜡梅、侧柏、火棘、卫矛(图 4-97)。

(6)采菱河的主题为晴岚卷香(图 4-98) 采菱河贯穿武进城区南

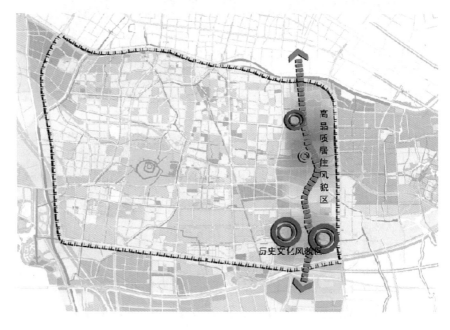

图 4-98 采菱河平面图

a 采菱河水景意向

b 休憩亭台

c 生态水景

d 生态护坡

北,穿过南田文化园、三勤生态园和采菱公园。采菱河的规划防护绿地为
20～25 m 的滨河景观生态绿道。

图 4-99 采菱河水景观

　　规划选取采菱河作为重点生态廊道,对其进行景观修复;植物设置注
意滨水花境的应用,结合景观小品的设置,表达生态这一主题;适当布置
休憩空间。景观上以"水"为主题(图 4-99)。

　　自行车停靠点、休息场所设施的布置等简约且人性化(图 4-100),借
助展示牌、石刻等展示水体恢复的过程,将一些生态技术实际地展现在景
观设计中。

　　采菱河贯穿城市南北,兼具物流、景观和生态功能,尤其是生态功能
还需要加强。植物配置时注重生态功能的发挥,选择具有防护和净化作
用的树种,同时注意植物景观层次的打造。

　　河道树种选择乔木＋灌木＋地被的模式,比如乌桕、重阳木、楝树＋
红叶李、龟背竹＋三白草、蕨类。

a 灯饰   b 展示牌

图 4-100 采菱河滨河景观设施

c 休息座椅

滨水花境植物配置有湿生植物：万年青、落新妇、报春、薄荷、湿生鸢尾、薹草、竹节草；挺水植物：菖蒲、花蔺、香蒲、芦苇、水葱、慈姑；浮水植物：睡莲、芡实、萍蓬草（图 4-101）。

a 万年青   b 芦苇

图 4-101　采菱河滨水花境植物

c 水葱　　　　　　　　　　　　　　d 睡莲

"六廊"的主要树种选择都列举在表 4-6 中。

表 4-6　"六廊"树种选择

轴线	主题	主要树种选择		
		乔木	灌木	地被
延政路	花漫新都	香樟、红果冬青	碧桃、早樱、晚樱、红花檵木、毛杜鹃、绣线菊	红花酢浆草、二月兰
淹城路	浪漫水环、卷轴春秋	榉树、黄连木、香樟	紫薇、桂花、夹竹桃、含笑、月季、石榴、石楠	二月兰、韭兰、阔叶沿阶草
武宜路	水墨江南	马褂木、香樟	红枫、木槿、木芙蓉、伞房决明	玉簪
湖塘河	花暖人心	麻栎、枫杨、水杉	化香、豆梨、红枫、六道木	麦冬
聚湖路	清雅流光	马褂木、广玉兰、二乔玉兰	梅花、紫叶李、花桃、紫叶桃、石楠、海桐	白三叶、红花酢浆草
采菱河	晴岚卷香	乌桕、重阳木、楝树	红叶李、龟背竹	白三叶、蕨类

4）"五区"

武进中心城区景观风貌区根据中心城区规划用地性质以及周边绿地特点进行划分，划分依据主要体现在用地的功能性上，共划分为五个区，分别是行政办公风貌区、教育科研风貌区、现代都市风貌区、高品质居住风貌区、历史文化风貌区（图 4-102）。

（1）历史文化风貌区　以春秋淹城风景区、南田文化园、三勤生态园为景观核心向外发展辐射，形成以武进历史文化为景观核心的景观风貌格局。

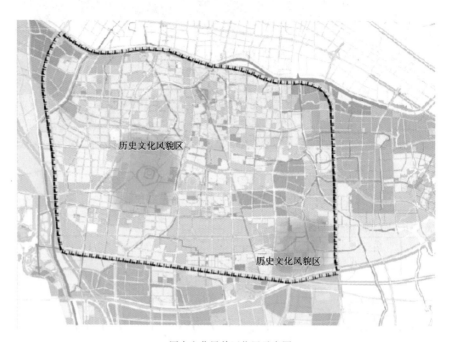

a 历史文化风貌区位置示意图

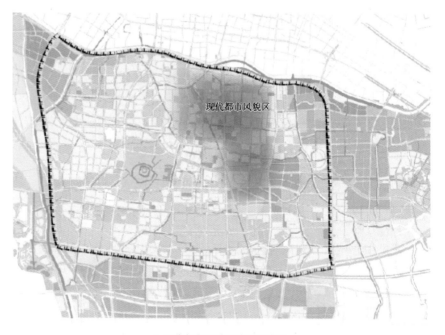

b 现代都市风貌区位置示意图

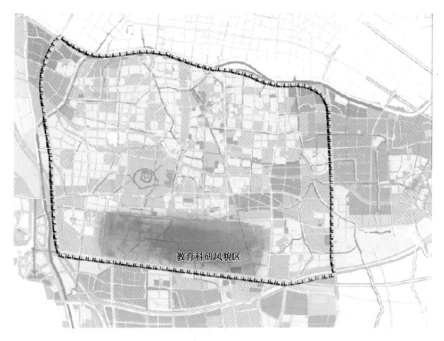

c 教育科研风貌区位置示意图

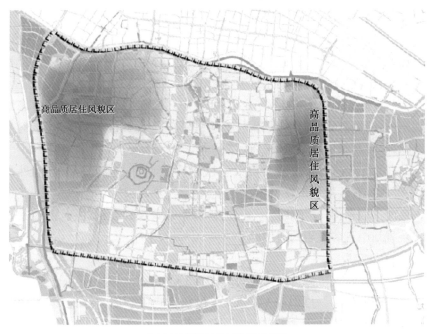

d 高品质居住风貌区位置示意图

图 4-102 "五区"位置
示意图

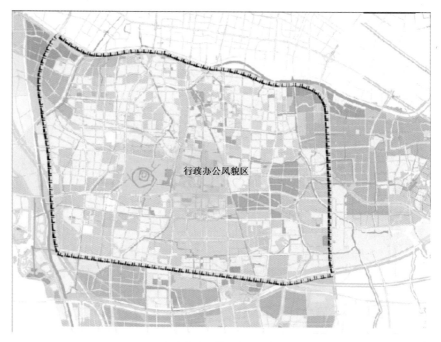

e 行政办公风貌区位置示意图

（2）现代都市风貌区　以武进新天地公园为核心向外辐射，花园街、广电东路等道路为景观特色路段，体现高效、繁荣、舒适、共享和商业文化等品质特性，展现都市特色现代风貌。

（3）教育科研风貌区　范围主要是大学科教城以及周边以高科技为特色的产业研发区，突出教育科研景观特色，体现文明、高精尖新科技和优美、安静、浓郁的学术文化氛围，以及良好的生态环境。

（4）高品质居住风貌区　西临西太湖，景观延续西太湖自然生态景观风格，营造高品质居住环境；与游憩型绿道结合，建设街旁绿地、沿河带状绿地，提高绿地率，提升居住环境品质。

（5）行政办公风貌区　以武进区行政中心周边绿地为核心向外发散，形成具有武进城市发展特色的景观风貌，展现武进的发展进程、武进人民的进取精神；位于城区中心位置，有两条景观轴线在此交汇，在景观风貌规划中有着重要的地位。

5）"双环串珠"

"双环"指城市慢行绿道环，第一环指武宜路（兰陵中路）—延政路—常武路（和平路）—广电路，其中绿珠包括行政中心周边绿地、新天地公园。第二环指淹城路—南田大道—夏城路（丽华路）—定安路—湖塘河—人民路，其中绿珠包括春秋淹城、长沟公园、定安公园、南田文化园、科教城（图 4-103）。

双环路线选择分为可行路线和须经改造后才可行的路线。可行路线

益智、娱乐（长沟公园）

武进名人园（定安公园）

武进新天地公园

春秋淹城

南田文化园　　三勤生态园

行政中心周边绿地

为第一环各条道路以及第二环淹城路、大学城路段，淹城路道路绿化需要稍加改造，增加服务设施，大学城路段在现状道路基础上增加自行车道就能实现。须经改造后才可行路线为第二环夏城路、定安路、湖塘河以及人民路在规划中道路绿化宽度都在 8 m 以上，符合绿道建设条件，但多条路段现状绿地建设情况暂不满足要求，需要稍加改造才能实现绿道的建设（图 4-104）。

　　绿道景观的文化主题为刻印传统、尚德迄今（图 4-105）。作为中华传统美德的发源地之一，武进在沿袭传统道德文化的道路上，也肩负着将

图 4-103　"双环串珠"位置示意图

图 4-104　"双环串珠"的骑行绿道

图 4-105　传统美德主题绿道

a 道德文化长廊　　　　　　　　　　　　b 道德主题雕塑

中华传统美德发扬光大的任务。绿道景观特色以中华传统美德为主,空间节点中体现出礼、孝、仁、义等中华传统美德。景观建设时要注重设施人性化、绿地可达性和空间设计的精致性,以提升整个区域的价值品位。规划建成一条绿色文化环、慢行环、绿道环。

6)"绿珠"

"绿珠"包括南田文化园、三勤生态园、牛塘公园、聚湖公园、采菱公园、长沟公园、定安公园、新天地公园、行政中心周边绿地(图 4-106)。

(1)南田文化园　位于夏城路以东、鸣新路以北、兴隆街以西、滆湖路以南。总用地规模为 95 hm²,其中绿地面积约 30 hm²。公园周围用地性质为居住用地、商住混合用地、科教用地等。在绿地系统中属于综合公园中的全市性综合公园。南田文化园特色主题为吴文化,包括书画艺术、胥城文化、常锡文戏文化等。公园主要体现书画艺术,并且适当体现胥城文化、书院文化以及常锡文戏文化。

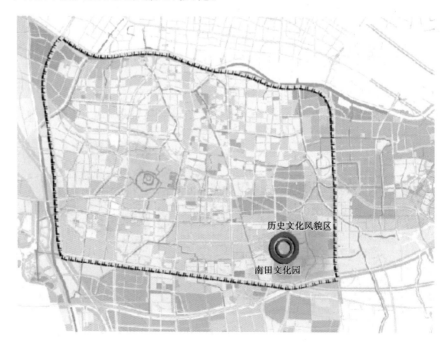

图 4-106　"绿珠"位置示意图

　　书画艺术主要表现:常州画派、阳湖文派、常州词派(包括代表人物、书画风格及其影响);胥城文化表现:伍子胥、军事城堡;常锡文戏文化表现:锡剧的发展演变、锡剧名家、传统剧目、艺术特点等(图4-107)。

　　恽南田一生志趣清新,品格高雅,善于花鸟画,碧桃、牡丹、海棠、松等都是他笔下的经典,在恽南田纪念馆周边配置以桃花、海棠、松为主的植物景观,以体现一种书画的意境。南田文化园主要表现博雅、灵秀的景观风格,配置时意在表现诗画艺术的意境。基调植物种类可选择柳树、碧桃、罗汉松、荷花等植物。

a 屈原

b 恽南田作品

c 锡剧

图 4-107　南田文化园中的吴文化特色

图 4-108　三勤生态园
位置示意图

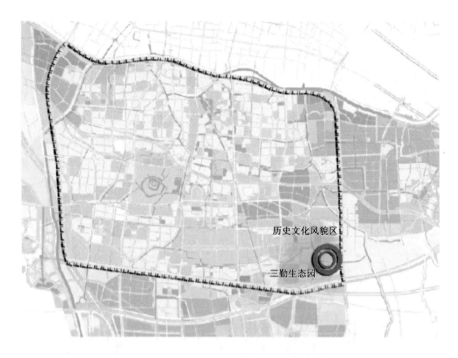

主要植物选择：香樟、女贞、广玉兰、白玉兰、二乔玉兰、蜡梅、梅花、碧桃、
海棠、罗汉松、五针松、白皮松、垂柳、榔榆、榉树、黄栌、红枫、鸡爪槭、三角
枫、木芙蓉、紫穗槐、麦冬、二月兰、鸢尾、书带草。

　（2）三勤生态园　以农业观光为主题的专类公园，位于南片区，总规
模约为 80 hm²，其中绿地面积约 25 hm²。公园周围用地性质主要为居住
用地、科教用地等。公园在绿地系统中属于综合公园中的专类公园。公
园结合农业作物、休闲公园、农家乐等，建设成为特色农业观光主题公园
（图 4-108）。

　三勤生态园的特色主题为农业生态文明（渔文化＋水文化），它的景
观风格为自然、生态。三勤生态园园区周围种植经济林进行围合，形成绿
树成荫的优美田园风光。通过小树丛结合边缘花境、花带的方式来丰富
景观。中小乔、灌木组团式种植，以丰富竖向景观。注意体现农业特色的
经济作物的种植，比如葡萄、丝瓜、苹果、木槿、紫薇等，营造"春华秋实"与
"丝路花语"的特色景观。

　主要植物选择：银杏、刺槐、苹果、木槿、紫薇、茅草、桃花、梨花、乌桕、
大丽花、萱草、南天竺、小檗、石楠、海桐、桂花、水杨梅、络石、水杉、常春
藤、杏树、梅花、榔榆、葡萄、无花果。

　（3）牛塘公园　位于聚湖路与东龙路交叉口西南，公园周围用地性
质主要为居住用地。公园在绿地系统中属于综合公园中的区域性公园
（图 4-109）。

　牛塘公园的特色主题为百花园、花卉文化。"朝饮木兰之坠露兮，夕

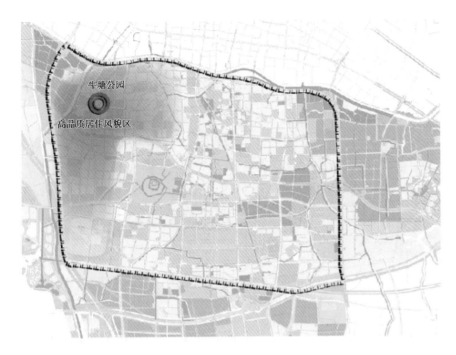

图 4-109　牛塘公园位置示意图

餐秋菊之落英""春风桃李花开日,秋雨梧桐叶落时",中国的花文化源远流长,武进的嘉泽、夏溪又是花木之乡,牛塘公园以百花园为主题,营建特色花木品种展示园,可以打造成一个充满浪漫气息的花木摄影基地(图 4-110)。牛塘公园内设置木兰园、海棠园、紫薇园等植物专类园,在林缘、水边设置多样的花境和花丛,在适宜的季节可以举办专类花展览。

　　主要植物选择:红枫、无患子、二乔玉兰、白玉兰、广玉兰、六道木、朴树、合欢、栾树、紫薇、木槿、垂丝海棠、木瓜海棠、贴梗海棠、珊瑚树、野蔷

图 4-110　牛塘公园景观意向

a 花卉园　　　　　　　　　　　　　　　b 休闲区

图 4-111　聚湖公园位
置示意图

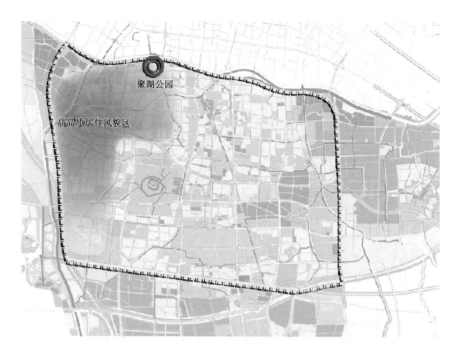

薇、锦带花、金边绣线菊、美人蕉、石菖蒲、鸢尾、樱花、络石、常春藤、红叶石楠、三色堇、鸡冠花、万寿菊、大花飞燕草、花毛茛。

（4）聚湖公园　位于 312 国道与淹城路交叉口西南。公园周围用地性质主要为居住用地。公园在绿地系统中属于综合公园中的区域性公园（图 4-111）。

聚湖公园的特色主题为时尚、现代。根据武进城区发展走精致、高品质的方向，聚湖公园以现代时尚为表达主题，景观以简洁流畅为特点，表达武进海纳百川、兼容并蓄的精神风貌（图 4-112）。聚湖公园以现代时尚为主题，景观以简洁流畅为特点，植物配置以简洁明快为主。利用疏林乔灌木分割空间、遮蔽视线，增加园区植物立面与透视效果。适当种植彩色叶植物，丰富景观效果。

图 4-112　聚湖公园景
观意向

a 休闲步道　　　　　　　　　　　　　　　　b 植物景观

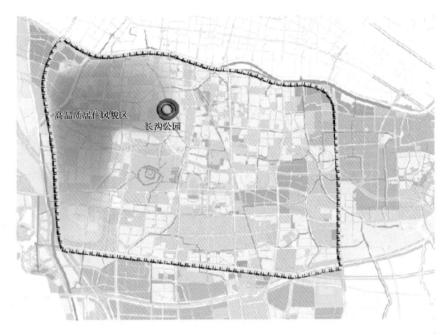

图 4-113　长沟公园位置示意图

　　主要植物选择:北美鹅掌楸、美国枫香、落羽杉、水紫树、沼地紫树、黑栎、白蜡树、枫杨、七叶树、榉树、金合欢、黄金槐、刺槐、苦楝、红枫、紫叶黄栌、紫叶李、紫薇、木芙蓉、云南黄馨、接骨木、小叶朴、淡竹、金焰绣线菊、迎春、锦带花。

　　(5)长沟公园　　位于人民西路与长沟河交叉口西南,面积约为23 hm²。公园周围用地性质主要为居住用地。公园在绿地系统中属于公园绿地中综合公园中的区域性公园(图 4-113)。

　　公园主题为儿童益智娱乐(图 4-114)。"儿童散学归来早,忙趁东风放纸鸢""见人初解语呕哑,不肯归眠恋小车",长沟公园四周多为居住用地,居民中儿童众多。儿童益智娱乐公园要注意营造开阔空间,并应用彩色植物和花境,选用叶、花、果形状奇特、色彩鲜艳,能引起儿童注意力的花草树木,如紫玉兰、红花木莲等。

图 4-114　儿童游乐公园

图 4-115　采菱公园位
置示意图

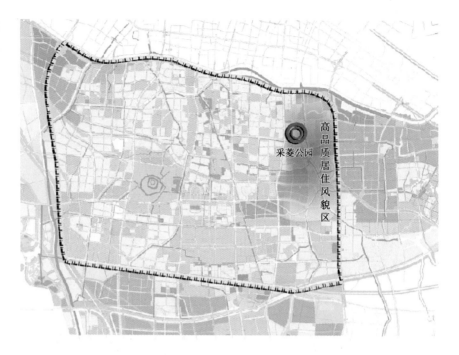

　　主要植物选择:水杉、香樟、乐昌含笑、大榆树、黄葛树、朴树、皂荚、白
玉兰、海棠、芍药、桂花、扶桑、黄栌、石榴、柚子、柑橘、银边八仙花、花叶菖
蒲、紫锦、花叶玉簪、醉鱼草、美国薄荷、迷迭香、丁香、薰衣草等。

　　(6)采菱公园　位于人民东路与采菱河交点西北,面积约为18 hm²。
公园周围用地性质主要为居住用地。公园在绿地系统中属于综合公园中
的区域性公园(图 4-115)。

　　采菱公园特色主题为特色水景园(图 4-116)。采菱公园借助采菱
河,以水造景,以水喻理,以水明心,采用各种不同形态的水,如泉、溪、池、
潭、瀑等形成堤、岛、湾、滩等景观,定位为特色水景园。采菱公园植物配
置时注意营造出多层次的自然生态群落,尤其注重水生植物的应用,一方
面可以净化水质,另一方面可以营造湿地景观。

　　主要植物选择:枫杨、乌桕、柳树、香樟、水杉、池杉、落羽杉、水松、化
香、豆梨、红枫、六道木、女贞、千屈菜、菖蒲、黄菖蒲、水葱、再力花、梭鱼
草、花叶芦竹、香蒲、泽泻、旱伞草、芦苇、睡莲、千屈菜、菖蒲等。

　　(7)定安公园　位于定安东路与星火北路交叉口东北处。公园周围
用地性质主要为居住用地。公园在绿地系统中属于综合公园中的区域性
公园(图 4-117)。

　　定安公园的特色主题为以季札为代表的武进先贤名人典故展示
(图 4-118)。武进自古以来人才辈出,既有磅礴之气的君王将士,又不乏
温婉江南的文人骚客。同时,一些脍炙人口的历史名人典故也出自于此。
尤以中华民族的道德典范延陵季子为代表,他在中国的思想史、文化史、

图 4-116 采菱公园景观意向

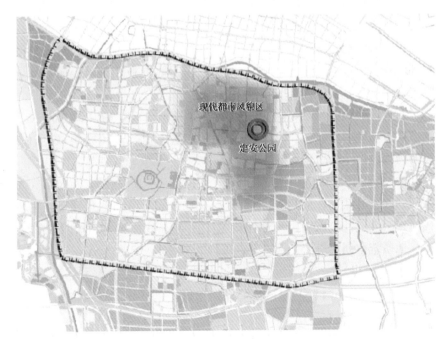

图 4-117 定安公园位置示意图

**图 4-118   武进先贤名
人季札**

文明史、道德史中均占有重要地位,因此公园定位为以季札等历史名人的
道德事迹为主题的德育教育公园。植物配置注重空间的营造以及季节变
化的色彩性,并且反映出人文气息,如花中四君子"梅兰竹菊"的搭配,借
由这种拟人化的植物配置形式象征名人雅士的高尚人格。

主要植物选择:重阳木、榉树、臭椿、女贞、银杏、落羽杉、柳杉、黑松、
雪松、罗汉松、榔榆、龙柏、梅花、蜡梅、紫竹、刚竹、阔叶箬竹、南天竹、侧
柏、桂花、红果冬青、八角金盘、芭蕉、兰花、菊花、鸢尾、书带草等。

(8)新天地公园   位于核心片区,常武路与长虹中路西北,总面积为
33 hm²。规划建设纪念性、休闲娱乐性综合公园,可设主题雕塑区、休闲
活动区等。公园周围用地性质主要为居住用地、商业用地。公园在绿地
系统中属于综合公园中的全市性公园(图 4-119)。

新天地公园的景观风格为现代、休闲(图 4-120)。新天地公园位于
湖塘区,花园街与湖塘河交汇于此,周围为商业街区,人流密集,以现代、
简约为特色。

(9)行政中心周边绿地   位于核心片区,区行政中心周边,包括文慧
园、莱蒙公园、武进休闲广场等,都为已建成公园。公园的景观风格为现
代、时尚、大气。公园周围用地性质主要为居住用地、行政用地等。公园
在绿地系统中属于综合公园(图 4-121)。

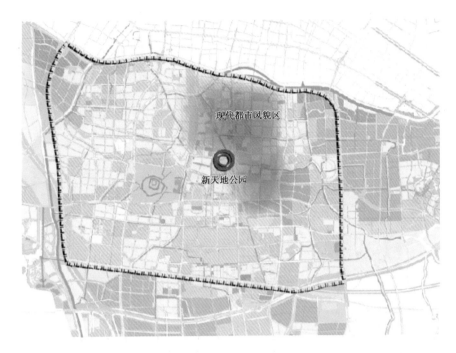

图 4-119　新天地公园位置示意图

图 4-120　新天地公园景观意向——文化街夜景

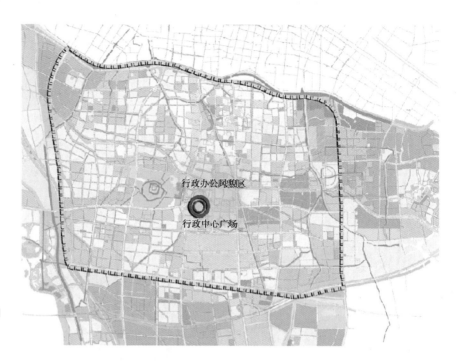

图4-121　行政中心周
边绿地位置示意图

4.4　绿地景观风貌详细设计引导

4.4.1　对比研究

1）天宁区

天宁区城区空间总体格局是"两区三带多点"。"两区"是指天宁风景
名胜区和青果巷历史文化街区。天宁风景名胜区挖掘佛教文化和名人文
化；青果巷历史文化街区主要进行保护性修缮和开发，打造"运河之魂、名
城之窗"。"三带"包括古运河文化风光带、三河三园风光带和横塘河休闲
景观带。古运河文化风光带围绕"六龙"文化，重点开发、利用工业遗存；
三河三园风光带利用沿河资源，布点商业会所，丰富旅游品质；横塘河休
闲景观带开发文化休闲旅游资源。"多点"包括中华纺织博览园、常州报
业传媒大厦、"Do都城"少儿体验中心等项目的建设。

天宁区的特色公园有现代都市综合公园：红梅公园、蔷薇园、雕庄广场
绿地、文化宫广场绿地；现代公园融入古典历史文化：东坡公园、翠竹公园；
古典园林：近园、约园；现代公园融入科普文化：紫荆公园（东京120公园）。

2）戚墅堰区

戚墅堰区的建设目标是建设"环境优美、功能齐全"的城市环境。具
体措施是把生态建设与改善人居环境、提升城市品位结合起来，提升新城
区、工业园区和交通要道等重点区域的亮化、绿化水平，扮靓东大门；建设

成常州东部经济、商贸、休闲、文化等公共活动最集中的核心区,构建成与无锡、常州主城区相呼应的常州东部核心区。

戚墅堰区特色公园有现代都市综合公园:毓秀园、东方广场绿地;特色公园:花溪公园(田园景色,民族风情)、圩墩公园(历史遗迹公园)等。

3)钟楼区

钟楼区的建设目标是按照"功能优化、面貌靓化、环境美化"的思路,打造高品位的城市环境。具体措施是提高绿化品位,用丰富的植被和花卉品种精心装扮主要道路、城市节点,实现"四季皆绿、四季有花、四季变化",做到"一路一品、一街一景";形成以特色商业、现代商务、创新创意、生态居住为主要功能的"五廊四区"。"五廊"即五条城市走廊,分别为通江南路城市走廊、古运河—关河滨水走廊、劳动西路城市走廊、中吴大道城市走廊、勤业路—星港路城市走廊;"四区"即四个综合功能区,分别为中央商务区、青枫国际新城、新闸综合功能区、西林综合功能区。

钟楼区特色公园有现代都市综合公园:芦墅公园、人民公园、体育广场绿地、怀德广场;特色公园:青枫公园(湿地科普)、五星公园(法制主题)、荆川公园(纪念明嘉靖年间著名的抗倭英雄和文学家唐荆川先生)、椿桂园(以崇文重教为主题的人文景观公园)、荷园(以荷花为主题)。

4)新北区

新北区以"一城三区"为基本框架的总体空间格局,率先确立区域中心地位。具体措施是强化北部新城行政教育、商务商贸、创意研发、旅游休闲、高端居住等功能,打造集产业发展、研发创新和生活居住配套为一体的黄河路和滨江两大现代化产业综合区,构建产业特色鲜明,城镇功能完善,绿色、生态、宜居的都市生态区。

新北区特色公园有现代都市综合公园:科技园广场绿地、常州市民广场绿地、蓝港广场绿地、市民广场绿地、新北中心公园;特色公园:园艺博览园(科普、产业推广)、中华恐龙园(游乐科普主题公园)。

4.4.2　武进区绿地特色

以"绿波荡吴韵、花香绕水城"为中心城区绿地景观风貌总体定位的武进,有着深厚的历史文化底蕴,同时又是发展迅速的现代新城,所以武进绿地的定位在特色上能够与常州市其他四区有一定错位,可以更加突出自身特色。

武进区通过城市绿道串联城区大型绿地,提升城区绿地整体品质;在中心城区绿地建设中应用花境,来彰显"花都水乡"特色;提炼地域文化,挖掘武进历史文化底蕴,并合理运用于城区绿地建设,用提升城区绿地品位(图4-122)。

　　　　　a 武进城区鸟瞰图　　　　　　　　　　　　　b 河道景观

图 4-122　武进"花都水乡"特色

规划后,武进公园绿地的基本定位为:

(1) 春秋淹城:春秋文化主题公园、遗址公园;

(2) 南田文化园:吴文化主题公园(武进历史书画文化、书院文化、伍子胥墓);

(3) 三勤生态园:农业生态专类公园(农业生态展示);

(4) 新天地公园:现代都市文化;

(5) 牛塘公园:现代休闲社区公园(百花园,浪漫花都特色展示);

(6) 聚湖公园:现代休闲社区公园(时尚、现代、娱乐);

(7) 长沟公园:现代休闲社区公园(益智园、儿童天地、儿童益智游乐主题);

(8) 采菱公园:现代休闲社区公园(水景园,特色水景、活水、喷泉、水上乐园);

(9) 定安公园:历史文化主题公园(聚贤园,以季札为代表的武进先贤名人典故展示);

(10) 行政中心周边绿地:现代休闲社区公园(现代、文化)。

4.4.3　公园绿地设计导则

4.4.3.1　总则

1) 功能和主题定位(表 4-7)

规划公园按照规划的公园主题进行详细设计,突出绿地特色,注重实用功能。

2) 景观建筑小品建设

(1) 已建成公园绿地基本保留原有特色,适当增加能够点题的小品和设施,进一步强化主题。如春秋淹城、文慧园、新天地公园等,此类公园定位较明确,建设已全部完成,已能够完全发挥其公园绿地的各项功能。

(2) 在建的公园绿地要按照主题要求,增加表达主题的装饰性小品、

表 4-7　公园绿地详细规划引导表

绿地分类	绿地名称	位置	周边用地性质	功能定位	特色主题	景观风格	植物景观	公园内部建筑色彩	夜景设计	铺装选择	小品设施
综合公园	南田文化园	夏城路以东,鸣新路以北,兴隆街以西,涵湖路以南	居住用地,商住混合用地,科教用地	文化生态	回首菁城书画传承	博雅,灵秀	多层次生态性,四季多样性,可点花级花境景观	白,灰,黄	适当	典雅,质朴	以南田书画文化为主题
	采菱公园	人民东路与采菱河交点西北	居住用地	休闲防护	水文化,纺织文化	简约,宜人	多层次生态群落,突出植物的防护功能	红,白,棕等	适当	防滑,防渗水,色彩丰富	以展现水文化为主题
	长沟公园	人民西路与长沟河交点西南	居住用地	休闲娱乐	儿童益智乐园	简约,宜人	多清舒适,宜人的植物空间相结合	红,白,棕等	适当	防滑,防渗水,色彩丰富	以展现水文化为主题
	聚湖公园	312国道与长沟河交点东南	居住用地	休闲娱乐	时尚现代	简约,现代	以引种植物为特色,整体植物景观自然,生态,突出水生植物的运用	白,红,棕等	适当	防滑,防渗水,色彩丰富	以展现现代文化为主题
	牛塘公园	聚湖路东龙路交点西南	居住用地	休闲娱乐	百花园	简约,宜人	多种舒适,宜人的植物空间相结合	白,红,棕等	适当	防滑,防渗水,色彩丰富	以花卉为材料制作
	定安公园	定安东路与星火北路交叉又口东北处	居住用地	文化休闲	名人事迹,精神展示	典雅,清新	以一些富含精神寓意的植物为主,营造丰富的植物景观	灰,白,黑,棕等	适当	雅致,适当设置一些情景铺装	以反映名人典故及精神文化为主题
	三勤生态园	青洋南路与鸣新东路交点西北	居住用地,科教用地	生态休闲	农业文明展示	自然,清新	以生态为目标,改善水质的同时提炼自然的气息	棕,灰,白等	适当	自然,质朴	以体现现代文明为主题
	武进新天地公园	常武路与长虹中路交点西北	居住用地,商业用地	商业休闲	现代科技	现代,精致	规则式与自然式相结合	红,白,棕等	丰富	多样,现代	大气而有特色,展示城市性格
	行政中心周边绿地	区政府片区,包括文慧园,武进广场,莱蒙公园等	行政用地,居住用地	休闲景观	现代与传统相融合	时尚,简洁	营造丰富多样的植物景观,注重观赏性植物和花境的应用	红,白,灰等	丰富	现代,实用,融入文化元素	以展示城市的精神面貌为主
	春秋淹城	淹城路以东,延政西路以北,武宜中路以南,虹西路以西	商业用地,居住用地,行政用地	生态观光	春秋文化	博雅,灵秀	多层次生态性,提高观赏价值	灰,白,红	局部丰富	典雅,生态	以春秋吴韵文化为主题

建筑等;铺装、绿化、标识系统等应统一设计,与主题一致。

（3）结合广场灯、庭院灯、泛光灯、草坪灯、霓虹灯等多种形式,对公园绿地进行统一的照明设计,灯具形式的选择要风格统一,符合公园主题特点,形成多姿多彩的夜景。

3）树种选择

公园绿化应创造色彩斑斓、生态效果优良、富于季相变化的景观,植物的选择上可以更加广泛,以乡土树种为基调,适当选择优质观赏性乔木、灌木、花卉等,提升公园总体绿化品质。

4）花境营建

公园中花境设计时,可以广泛使用不同的植物,混合种植,以延长观赏期;丛状植物选择时,以慢性生长类为主,避免生长迅速造成倒伏或无限制蔓延;背景营造时选择常绿的灌木或小乔木做密林;可以点缀小品,以增加花境的观赏性。

公园花境设计时,可结合一些雕塑、花钵、景墙等小品设计。

公园入口花境:以一二年生花境为主,背景可以使用灌木花境,结合花坛的使用,营造出热闹的氛围。

图 4-123　武进花境主题公园路缘、林缘花境:多为单面观赏花境,可根据需要和管理要求使用多种类型的花境,突出公园主题,营造浪漫的气息(图 4-123)。

a 花钵

b 喷泉花境

c 路侧花境

d 花境

4.4.3.2　公园特色绿地建设举例——南田文化园

南田文化园是规划中的新建公园,位于夏城路以东、鸣新路以北、兴隆街以西、漏湖路以南。

1) 功能和主题定位

南田文化园的总体定位为文化主题公园,公园主要体现书画艺术、书院文化,并且适当体现胥城文化以及常锡文戏文化,展现武进历代历史文化名人的风采、事迹。其中书画艺术主要表现在常州画派、阳湖文派、常州词派(包括代表人物、书画风格及其影响),在景观上可采用浮雕、书画长廊、不定期书画展览来表现;胥城文化表现在伍子胥、军事城堡;在景观上可利用人物雕塑、历史建筑复原、展览馆等形式体现;常锡文戏文化表现在锡剧的发展演变、锡剧名家、传统剧目、艺术特点等,可以在公园内搭建戏台,设置刻印戏剧知识的科普展示牌。

2) 景观建筑小品风格

(1) 结合武进书院文化,在南田文化园内复原、仿建部分地方书院,景观建筑色彩应自然古朴,采用灰、白、黑色为主色,主要为古典木结构样式。

(2) 公园内的铺装设计应力求典雅、质朴,采用砖石、木材、混凝土等材料,仿古建筑周围适当采用卵石拼花的纹样,采用拼贴、地面浮雕的形式传达文化内涵。

(3) 园内建议利用景墙、浮雕等表现手法展现书画文化、胥城文化等,设置恽南田、伍子胥雕像,利用实景雕塑表现锡剧的发展演变史、锡剧名家、传统剧目等(图4-124)。

(4) 公园内的服务设施应统一设计,力求展现自然气息,给人以亲切感。将古典的纹饰、器物样式抽象为符号元素,与家具小品的设计相结合,突出文化氛围。

3) 树种选择

植物配置应注重多层次生态性、四季多样性,植物品种选择应以乡土树种为主,落叶树与常绿树配比为3∶1左右,部分景点植物遵照古典园林配置形式,表现诗画艺术的意境。

主要植物选择:香樟、女贞、广玉兰、白玉兰、二乔玉兰、蜡梅、梅花、碧桃、海棠、罗汉松、五针松、白皮松、垂柳、榔榆、榉树、黄栌、红枫、鸡爪槭、三角枫、木芙蓉、紫穗槐、麦冬、二月兰、鸢尾、书带草。

4.4.4　道路绿地设计导则

4.4.4.1　总则

1) 功能和主题定位(表4-8)

道路绿地按照规划的绿地主题和功能进行详细设计,设计结合特定

a 石雕   b 景观亭

**图 4-124 南田文化园
文化解析**

c 伍子胥

文化元素突出绿地特色,注重实用功能。

2)附属设施建设

(1)在适当位置设置生活小品,创造舒适的休闲空间;建筑的形式,休闲步道、人行道路面铺装的选择,生活小品和标识牌的布置,绿化空间的安排,应有助于表达道路的主题,可结合不同路段稍作变化,但总体应保持街道方向的水平延续性。

(2)每隔适当距离结合绿化空间设置停车场地,但必须注意不要过多妨碍沿街景观与两侧行人的步行活动。

(3)结合广场灯、庭院灯、泛光灯、建筑立面照明、发光广告、霓虹灯、商业橱窗、街道信号灯等多种形式,对街道、广场进行统一的照明设计,形成设计地段多姿多彩的地区夜景。

(4)所有公共开放空间均应考虑无障碍设计,3 m高差以上情况鼓励

表4-8 主要道路绿地详细规划引导表

绿地名称	周边用地性质	功能定位	特色主题	景观风格	绿化宽度/m	植物景观	绿道设计	夜景设计	铺装选择	小品设施
淹城路	居住用地,公园用地,科教用地	历史文化景观轴	卷轴春秋	精致,丰富文化	20~25	规则式与自然式相结合的多层次植物群落,适当设置花海景观	历史游憩型绿道	丰富	典雅,质朴,历史文化内涵,实用,生态环保	提示性路标,自行车租赁站,以反映春秋淹城文化为主题
延政路	居住用地,行政用地,工业用地	生态文化景观轴	花漫新都	现代,文化,大气	15~20	规则式与自然式相结合的多层次生态群落,重点营建花海景观	历史游憩型绿道	丰富	实用,生态环保的铺装材料,样式现代,大气,融入人文化元素	提示性路标,自行车租赁站,多元文化融合,融入现代景观元素
常武路(和平路)	居住用地,科教用地,商业用地	现代都市景观轴	无	生态宜人,精致	18~23	自然式乔冠多层生态群落,重点建花境景观	道路游憩型绿道	丰富	样式现代,大气,融入人文化元素	提示性路标,自行车租赁站以及一些生活化的景观设施,体现现代感
武宜路(兰陵路)	居住用地,行政用地,科教用地,商业用地	景观生态游憩	水墨江南	自然,轻松,生动	8~15	规则式与自然式相结合的多层植物群落	道路游憩型绿道	丰富	实用,生态现代,样式现代,融入文化元素	提示性路标,自行车租赁站等,设置以道憩文化为主题的小品
聚湖路	居住用地,工业用地	文化交通游憩	清雅流光	简约,融合,流畅	8~15	层次,季相丰富的生态群落,注重富有文化寓意植物的运用	道路游憩型绿道	丰富	功能优先,融入人文化元素	提示性路标,路灯,报亭,自行车停靠点等,融入现代文化为主的小品
夏城路(丽华路)	居住用地,商业用地	景观生态游憩	无	自然,简约,现代	10~15	规则式与自然式相结合的多层次植物群落	道路游憩型绿道	丰富	样式现代,大气,融入人文化元素	提示性路标,自行车租赁站,多元文化的融合,融入现代景观元素
武南路	居住用地,工业用地	交通生态	无	现代,自然	20~25	规则式与自然式多层次生态景观,北侧,南侧营造滨河植物景观	滨河生态型绿道	适中	实用,生态自然	提示性路标,自行车停靠点等,简单实用,功能优先
涌湖路	居住用地	景观游憩	无	质朴,精致,现代	4~8	规则式与自然式相结合的多层植物群落	武宜路至龙江路段为滨河游憩型绿道	适中	典雅质朴	实用性的路标,指示牌,简洁大方

续表

绿地名称	周边用地性质	功能定位	特色主题	景观风格	绿化宽度/m	植物景观	绿道设计	夜景设计	铺装选择	小品设施
长虹路	居住用地、工业用地、商业用地	生态交通	无	大气、自然、宜人	20~25	自然式乔冠草多层次生态群落	道路生态型绿道	适中	实用、生态环保	实用性的路标、指示牌，简洁大方
青洋路	工业用地	生态交通	无	自然、丰富、生态	>20	多层次生态植物群落景观，注意季相的变化	道路生态型绿道	适当	自然实用	自行车停靠点等，简单实用，功能优先
312国道	居住用地、工业用地	生态交通	无	自然、丰富、生态	>50	营造层次丰富的植物景观，北侧设置丰富的滨水植物景观	滨河生态型绿道	适当	自然实用	自行车停靠点等，简单实用，功能优先
定安路	居住用地	生活景观	无	宜人、舒适	>20	营造多样的植物景观，丰富的视觉效果，适当设置花境景观	采菱河至花园街段为滨河游憩型绿道	丰富	实用，同时注重景观性	提示性路牌、休息站点和设施等，以舒适、宜人为主
南田大道	科教用地、居住用地	景观游憩	无	简约、时尚、优美	>20	营造层次丰富的植物景观，注重观赏性生态趣味品种的应用以及花境景观的营造	青洋路至武宜路(兰陵路)段为道路游憩型绿道	丰富	舒适宜人，具有景观性	提示性的路标、站牌以及自行车停靠点等，融入人文元素
绿色慢行环	居住用地、行政用地、科教用地、商业用地	生态游憩景观	无	生态、宜人(主题：刻印传统、尚德逸今)	20~30	规则式与自然式相结合的多层次生态群落，现代、自然、大气，宜人、地标性，营造多样绿地空间	全程为绿道建设	丰富	彩色混凝土	提示性路标、自行车租赁站、多元文化的融合，融入现代景观元素

设置自动扶梯。

3）树种选择

绿化栽植应根据地方气候特点,采用乔木、灌木、草坪、花卉结合的方式,创造色彩斑斓、香形各异、生态效果优良、富于季相变化的景观。行道树以当地适生绿色乔木为宜,不同的道路尽量选择不同树种,连续种植的乔木应选用相同的树种。

4）花境建设

在道路适宜地段进行花境建设,符合花境建设的基本规范,植物材料选择当地适生植物,以混合花境建设为主,选择部分灌木做背景,多年生宿根花卉和观赏草作为主要种植基调,少量点缀一二年生草花(图 4-125)。

路口节点处的花境设计不宜复杂,且少量使用一二年生花卉,减少潜在危险。

分车带花境设计时由于分车带节点属高危地带,应尽量减少绿化管理次数,选用对管理要求不高的植物。

交通岛花境设计时,以常绿乔灌木和宿根花卉为主,不过分追求绚丽的色彩,以保证驾驶员在获得视觉欣赏的同时不被过多纷乱的色彩所干扰。

5）绿道建设

由于城市绿道是穿行在城市各类用地之中的一个较长的线性空间,

图 4-125　道路绿地花境类型

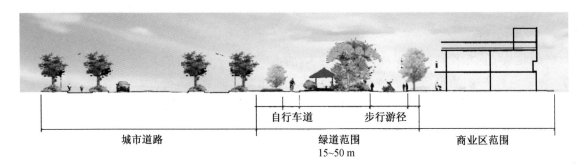

图4-126 商业区型绿道立面图

这类空间与它相接的地块发生着最直接的联系，也使得城市绿道展现的形式不尽相同，因此它的类型与其所经过的地块类型有着相互影响和制约的关系。

（1）商业区型绿道　这类绿道可以作为商业街的一部分，也可以作为商业区或办公区的步行景观带，为人们的办公、购物、休闲等活动提供舒适、安全的步行开敞空间（图4-126）。

商业区绿道铺装、广场用地相对占较大比例，绿道内设置凉亭、座椅、遮阴木等必要的休息设施小品，同时绿道的植配应保证空间的开敞性、通透性。

（2）居住区型绿道　这类绿道的特征就是以主要满足城市居民在住宅周边进行基本活动为目的，为居民提供一条可以散步、健身、休息以及方便到达周边功能区的一条绿色非机动车道。聚湖路、武宜路等多条绿道都有部分路段符合居住型绿道建设形式（图4-127）。

居住区型绿道主要作用在于为城市居民提供更多的户外活动空间，同时具安全性、舒适性、通达性等特点；绿道设置以提供逗留和散步场地相结合，以小型铺装、健身器材、休憩座椅等配套设施为主。植物配置为通透乔木或者结合低矮灌木设置，保证绿道内部视线开阔。

图4-127 居住区型绿道立面图

（3）办公及工业区型绿道　这类绿道以提供绿色通行功能为主，营造便捷舒适、具有自然景观的绿色廊道。该类型的绿道周边为办公及工

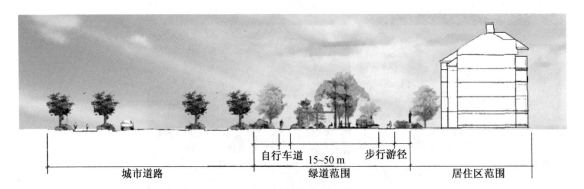

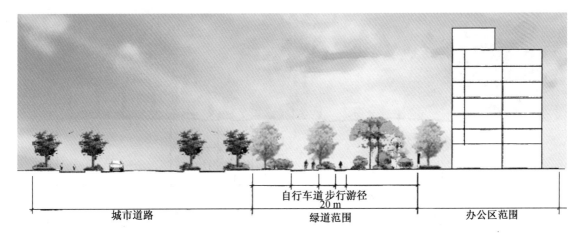

图 4-128　办公及工业区型绿道立面图

业区的地段,在延政路、武宜路、常武路等路段均有此类绿道分布(图 4-128)。

　　办公及工业区绿道主要服务对象为路经者或上下班工作人员。这类绿道应设置较宽的自行车道,一方面减少跟城市机动交通的交叉,另一方面,让人们在一天的工作之后,体会到大自然的情趣。另外,应适当设置必要配套设施。

　　(4)历史及遗址型绿道　这类绿道对有历史遗韵的街区、旧遗址等进行保护和修复,重点在淹城路和延政路周边,使之成为充满记忆的游览步行带、旧遗址保护公园带(图 4-129)。

　　该类型的绿道主要以线性公园的形态展现,设置自行车步道、步行游憩道、广场节点等开敞空间。历史及遗址型绿道的服务对象主要为城市居民和游客。

　　(5)防护型绿道　防护型绿道主要为结合城市快速路形成的城市防护绿地而设置的绿道空间,该绿道空间的作用主要体现在提供安全、舒适的自行车道游憩空间,在自行车道每隔 100 m 左右会设置休息座椅等配套设施(图 4-130)。

图 4-129　历史及遗址型绿道立面图

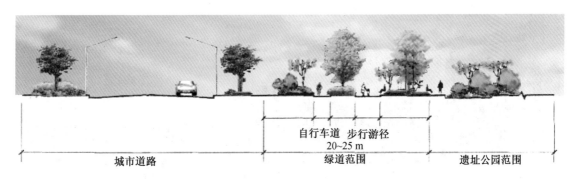

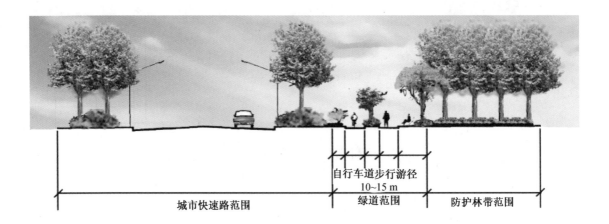

图 4-130　防护型绿道
立面图

4.4.4.2　道路特色绿地建设举例

1）改造道路绿地——淹城路现状（图 4-131）

淹城路北段为两板三带，八车道。中央分隔带局部有两排乔木。整体植物种类较丰富，富有层次感。14 m 的中央分隔带较有代表性，但景观较单调。

淹城路南段景观质量较好，中央分隔带有较高景观价值。但植物种类丰富度不足，缺少观花植被；文化特色欠缺，淹城路背靠淹城，应当具有特色文化景观。

2）改造道路绿地——淹城路改造规划导则

（1）功能和主题定位　淹城路绿地空间主要表达春秋文化，如将淹城故事传说、伯牙子期的故事等作为绿地节点的主题。

（2）附属设施建设　道路节点空间适当布置景观小品，小品设施进行统一设计，与春秋淹城景区的景观风格相融合，将抽象出来的文化象征符号应用于景观小品中。

道路应有统一配套设计的城市家具与道路服务设施，能体现春秋文化内涵。

图 4-131　淹城路现状

路面铺装应选择实用、生态环保的材料,样式典雅、质朴,部分地段可以有体现特有历史文化内涵的铺装样式。

(3)植物选择 植物配置应形成规则式与自然式相结合的多层次生态群落。道路绿化选择乔木＋灌木＋地被的结构,建议选择的树种有香樟、榉树＋石楠、樱花、毛杜鹃、绣线菊、木芙蓉＋二月兰、韭兰、阔叶沿阶草,花坛花卉品种选择瞿麦、月季、鸢尾、栀子。

(4)花境建设 淹城路在武进中心城区花境网络建设中属于附属花境建设,所以选择在少量地段辅助建设,以宿根花卉花境和灌木花境为主。

(5)绿道建设 淹城路道路绿化符合绿道建设的基本要求,两侧绿化带宽度为20 m,建设有自行车道与游步道,每隔1～1.5 km设自行车租赁点,步行道、自行车道与快车道间有宽度4～6 m的绿化带隔离(图4-132)。

绿道所连接的公园绿地与绿道接口处建设必要的公共空间作为街旁绿地,配备必要的休憩设施、景观设施;预留停车位,做好交通组织(图4-133)。

道路节点处设置与春秋历史有关的景观小品,沿路设置自行车租赁点,合理安排自行车道与游步道之间的关系。

图 4-132 淹城路标准段

a 立面图

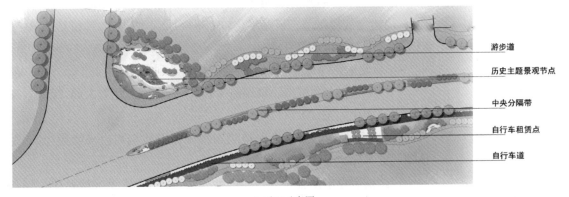

b 平面示意图

a 道路绿化

b 双兽三轮盘

图 4-133 淹城路道路景观示意

c 铺装景观

3）新建道路绿地——聚湖路现状（图 4-134）

聚湖路景观质量一般，两边多为居住区，局部施工中，道路未完全修建好，周边空气质量差。道路绿化较简单，种类不够丰富，种植品种单一。道路目前没有特定的文化主题。

4）新建道路绿地——聚湖路道路规划导则

（1）功能和主题定位　聚湖路主题为清雅流光、花聚人间，绿地景观以表现花文化为主（图 4-12）。

（2）附属设施建设　沿路适当布置服务设施与周边环境融合，同时体现武进多元文化的交融。

道路铺装色彩淡雅，风格朴素，融入情景浮雕，能很好地衬托植物与花境。

道路沿线布置用金属、石块等打造的雕塑小品，以此来体现花木文化。

图 4-134　聚湖路现状

（3）植物选择　新规划道路在植物品种的选择上既要注重适地适树原则，又要有别于其他已建成道路，选择乔木＋灌木＋地被的基本配置形式。建议树种选择松柏类、广玉兰＋石楠、梅花、海桐＋白三叶等，选择多种花卉组成多彩的花境（图 4-135）。

（4）花境建设　聚湖路绿地引入花境景观建设。花境主要布置在人机分隔带和两侧道路绿地。选择立面层次丰富、群落结构稳定、色彩丰富的绿化和花境，保证有持续的观赏效果。

（5）绿道建设　聚湖路为规划道路，规划为游憩型绿道，步行道与自行车道穿插于宽度为 15 m 的道路绿化中，在绿道与公交站台的适当位置向外敞开，并设置配套的休憩和景观设施（图 4-136）。

5）延政路路侧绿地花境建设（图 4-137）

延政路路侧配置层次丰富、群落结构稳定、色彩简单和谐的花境，以增添路侧景观的丰富度。

延政路路侧绿地花境建设中的植物配置如下（图 4-138）：

乔木：桂花＋鸡爪槭＋香樟。

灌木：八角金盘＋阔叶十大功劳＋大花六道木＋红叶石楠＋匍枝忍冬＋南天竹＋八仙花＋山茶。

图 4-135　聚湖路植物选择

图 4-136 聚湖路基本
道路立面图

图 4-137 延政路路侧
绿地花境建设

　　多年生花卉：红花酢浆草＋紫叶酢浆草＋蓝花鼠尾草＋银叶菊＋凹
叶景天＋金边阔叶麦冬＋阔叶麦冬＋大花萱草。

　　一二年生花卉：半支莲＋矮牵牛＋翠菊＋三色堇＋黄金菊。

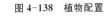

图 4-138　植物配置

a 三色堇

c 蓝花鼠尾草　　　　　　　　　　　　d 银叶菊

e 扶芳藤

观赏草:花叶芦竹＋五节芒＋细叶芒＋燕麦草。

藤本:凌霄＋爬山虎＋扶芳藤＋半常绿藤本。

4.4.5　滨河绿地设计导则

4.4.5.1　总则

1) 功能和主题定位(表4-9)

滨河绿地作为武进区绿色生态廊道,应保持河道两侧开放空间和绿化带的通透、开敞,形成连续绵延的滨河林荫步道,严禁私人占用、分割滨水岸线。结合规划主题和特定文化元素进行详细生态设计,突出绿地特色。

2) 景观建筑小品建设

小品、标识牌、服务设施、地面铺装等结合特定文化元素进行设计。步行道路面宜采用砖石等自然材料,驳岸处理以亲水样式为主。

3) 植物选择

滨河绿地规划应同时考虑有利于改善城市局部小气候的生态作用和观赏性能,绿化隔离带、休息区等人眼视线以下绿色空间植株选择以丛生灌木为主,配以混合式花境,采用宿根花卉、球根花卉结合水生植物营造滨水花境,提升滨河绿地整体景观品位。

4) 花境建设

以球宿根花卉花境和观赏草花境为主;因滨水环境的特殊性,花境设计时以湿生花木或耐湿花木为主;花境设计时注意应具备净化水质的功能。

5) 绿道建设(图4-139)

滨河绿地绿道建设主要包括采菱河、长沟河、湖塘河、京杭运河滨河绿道。绿道依托城市滨河绿带的一侧或两侧建设,也可以是通向城市郊野林地之中的野游型步行道。

4.4.5.2　滨河特色绿地建设举例

湖塘河滨河绿地为新建滨河绿地,具有良好的景观资源,中心地段景观建设情况较好,其他地段有待进行景观开发建设。河道穿过武进休闲广场路段,绿带植物种类较为丰富,其他路段均只有少量绿化。湖塘河滨河绿带没有文化特色(图4-140)。

(1) 功能和主题定位　湖塘河景观定位为花暖人心,以花文化为主题,绿地建设应有助于主题的表达。

(2) 附属设施建设　沿滨河绿带开放空间布置特色城市家具,与周边环境融合,同时体现武进多元文化的交融,座椅、灯具、报亭等融入现代设计元素。

选用实用、生态环保的铺装材料,以舒适和安全为目的。适当结合花境元素,体现温馨、浪漫气息。在开放节点可适当设置木栈道亲水平台。

表4-9 滨河绿地详细规划引导表

绿地分类	绿地名称	周边用地性质	功能定位	景观风格	绿化带宽度/m	植物景观	绿道设计	夜景设计	铺装选择	小品设施
滨河带状绿地	长沟河绿带	居住用地、行政用地	生态、休闲、游憩	生态性、文化融合	20~25	自然式乔冠草多层次生态群落、加入滨水花境的建设	滨河游憩型绿道	丰富	丰富、自然、现代	自行车租赁站、提示性标语、服务性设施、具有现代感、融入人文元素
	武南河绿带	工业用地	生态防护	生态性、自然	20~25	自然式乔冠草多层次生态群落、营造多样绿地空间	滨河生态型绿道	适当	古朴、自然	自行车租赁站、提示性标语、服务性设施、风格自然、古朴
	湖塘河绿带	商业用地、居住用地、科教用地	休闲、商业、生态	现代感、历史感、文化融合（主题：花暖人心）	20~25	自然式乔冠草多层次生态群落、重点营造花境景观	滨河游憩型绿道	丰富	精致、古典、丰富	自行车租赁站、提示性标语、服务性设施、商业设施、具有现代感、融入人文元素
	采菱河绿带	居住用地、工业用地、公园绿地	生态防护	自然、淡雅（主题：晴岚卷香）	20~25	注重滨水植物景观的营造、丰富植物层次	滨河生态型绿道	适当	自然、生态	休息站点、自行车停靠点、提示性的标志等、风格自然亮丽
	新运河绿带	居住用地、工业用地	生态防护、休闲	现代感、生态性、大气、自然	50	自然式乔冠草多层次生态群落	滨河生态型绿道	丰富	古朴、自然	自行车租赁站、提示性标语、服务性设施、风格自然、古朴

图4-139 滨河绿地绿
道立面图

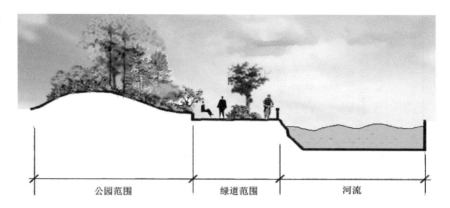

图4-140 湖塘河滨河
现状

（3）植物选择　选用观赏性较高的植物，宜选用多样的滨水植物品种，建议品种：蒲苇、菖蒲、水烛、慈姑、千屈菜、佛甲草、铁线蕨、夹竹桃等注重四季景观的营建，适当运用观赏草、混合花境等。

（4）花境建设（图4-141）　湖塘河可在河流两侧间歇性地营造滨水

花境景观,注意不同植物花卉的搭配。以球宿根花卉花境和观赏草花境为主。因滨水环境的特殊性,花境设计时以湿生花木或耐湿花木为主,并注意应具备净化水质的功能。

　　(5)绿道建设　在商业用地路段,人流较为密集,路侧设置自行车慢行标志和休息场所,注意滨水景观与商业活动的联系,小品设置体现现代都市主题(图4-14、图4-142)。

图4-141　湖塘河滨河
绿地花境

自行车道　　游步道　　　　　　　游步道

图4-142　湖塘河滨河
基本道路立面图

5 结论与展望

随着城市建设的快速推进,城市绿地景观风貌作为城市风貌的重要子系统已经越来越受到人们的关注。现阶段城市的发展不单取决于城市基础资源、交通实力等要素,更重要的是对周边区域的信息组织与控制力,城市绿地景观风貌规划的提出与实施能在较短时间内提升城市的信息控制力,树立城市品牌。但任何规划的完善都是一个不断探索、实践、修正、完善的过程,不同的城市、不同的角度会有不同的方法,正是这些不同方法的存在,城市绿地景观风貌规划才会逐渐深入推进,越发科学完善。

5.1 研究结论

本书从系统论的角度对城市绿地景观风貌进行研究。首先对系统论及城市绿地景观风貌进行概念辨析。在此基础上,对城市绿地景观风貌系统的要素类型、层次结构进行详细的分析,提出城市绿地景观风貌规划方法和规划体系,并将其运用于武进中心城区的实践中。现总结主要结论如下:

(1)引入系统的分析方法,对城市绿地景观风貌要素类型、层次结构进行详细的分析。城市绿地景观风貌系统构成要素按内容可分为自然景观要素、人工景观要素和人文景观要素,其中自然景观要素和人工景观要素是显质要素,而人文景观要素为隐质要素,按地位和作用不同可分为核心要素、基础要素和辅助要素;城市绿地景观风貌系统层次按空间尺度和大小可分为城市级、城区级和街区级;城市绿地景观风貌系统类型按不同地域可分为自然地理环境主导型、人文历史环境主导型和综合影响型,同一地域可分为公园绿地风貌、防护绿地风貌、广场绿地风貌;城市绿地景观风貌系统的结构不仅具有空间属性,同时也具有时间属性,因此城市绿地景观风貌系统呈现出双重结构的特征,即空间维度结构和时间维度结构;风貌载体为城市绿地景观风貌系统中在要素、结构和功能方面都占据一定优势并发挥一定主导作用的部分,风貌载体的基本形态类型包括景观风貌符号、景观风貌节点、景观风貌轴以及景观风貌区;城市绿地景观风貌系统的功能是由其结构保证实现的,最终目的即充分挖掘城市的特色,建设独特的绿地景观风貌,使市民产生认同感和归属感,提升城市的核心竞争力。

（2）从系统论指导研究事物的基本原理和基本规律出发，提出城市绿地景观风貌规划的方法，包括从整体出发——分析与综合相结合、以目的为方向——原因与结果相结合、从要素着手——竞争与协同相结合、分层次控制——宏观与微观相结合、以结构促功能——稳定与发展相结合、注重信息反馈——内因与外因相结合，分别指导控制城市绿地景观风貌系统的目的功能分析、要素分析、层次分析、结构分析和管理实施，涵盖规划前期、中期和后期全过程。

（3）构建城市绿地景观风貌规划体系，包括基础调研阶段、风貌定位阶段、风貌规划阶段、导入实施阶段和控制管理阶段。基础调研阶段为规划之基础，分析城市绿地景观风貌系统要素基础构成，梳理要素层次；风貌定位和风貌规划阶段为规划的主体内容，其中风貌定位主要是对目标功能的分析，而风貌规划阶段又从宏观、中观、微观三个层次提出风貌规划结构，引导、控制风貌结构载体以及专项控制引导；导入实施阶段和控制管理阶段也是保证风貌规划质量和效果的重要阶段，注重信息反馈是关键。

5.2　研究展望

本书理论研究与实践相结合，从系统论的角度出发，对城市绿地景观风貌规划提出了一些针对性的方法与体系，为城市风貌的提升提供了一种研究思路，并具有一定的现实性和可操作性。但也还存在一些不足：首先，国内外针对城市绿地景观风貌的研究较少，文献并不多见，在实践案例中对其的研究也相应较少，文中得出的结论有待进一步研究与实践证明。其次，文中实践案例即对武进中心城区绿地景观风貌的研究，基础调研阶段采用问卷调研的方法对要素层次进行梳理，但由于时间有限，调研人数有限，其调研结果具有一定的主观因素，对绿地景观风貌的定位可能会有偏差。总之，城市绿地景观风貌是一个复杂的动态系统，其形成经过城市长期的发展和沉淀，其研究内容涉及多学科交叉，内容丰富，需要更多新的思维和方法的引入。随着研究的深入，其深度和广度都将会有较大的扩展，未来城市绿地景观风貌系统研究将进一步得到充实和完善。

参考文献

［1］李建华,傅立. 现代系统科学与管理[M]. 北京:科学技术文献出版社,1996:
　　19-20.

［2］朴昌根. 系统学基础[M]. 上海:上海辞书出版社,2005:110.

［3］钱学森. 现代科学技术和技术政策[M]. 北京:中共中央党校出版社,1991:
　　143-144.

［4］[奥]贝塔兰菲. 一般系统论[M]. 秋同,袁嘉新,译. 北京:社会科学文献出版社,
　　1987:182.

［5］魏宏森,曾国屏. 系统论——系统科学哲学[M]. 北京:清华大学出版社,1995:
　　229,213-215,287-290.

［6］[日]池泽宽. 城市风貌设计[M]. 3版. 郝慎钧,译. 北京:中国建筑工业出版社,
　　1989:1-2.

［7］李德华. 城市规划原理[M]. 北京:中国建筑工业出版社,2001.

［8］俞孔坚,奚雪松,王思思. 基于生态基础设施的城市风貌规划——以山东省威海
　　市城市景观风貌研究为例[J]. 城市规划,2008(3):87-92.

［9］余柏椿."人气场":城市风貌特色评价参量[J]. 规划师,2007,23(8):10-13.

［10］[英]戈登·卡伦. 城市景观艺术[M]. 刘杰,周湘津,等编译. 天津:天津大学出版
　　社,1992:1-2.

［11］蔡晓丰. 城市风貌解析与控制[D]. 上海:同济大学,2005.

［12］周宏年. 总体程式设计中的城市特色控制——以重庆市北碚区总体城市设计为
　　例[C]//吴伟. 城市特色研究与城市风貌规划:世界华人建筑师协会城市特色学
　　术委员会2007年会论文集. 上海:同济大学出版社,2007:52-57.

［13］段德罡,孙曦. 城市特色、城市风貌概念辨析及实现途径[J]. 建筑与文化,2010
　　(12):79-81.

［14］刘瑾. 城市风貌规划框架研究——以宝鸡市为例[D]. 西安:西安建筑科技大学,
　　2011:26-27.

［15］吴人韦. 城市绿地的分类[J]. 中国园林,1999(6):59-62.

［16］左志高. 城市绿地景观的人文化研究[D]. 南京:南京林业大学,2005:4,33-35,
　　53-56.

［17］刘颂,刘滨谊,温全平. 城市绿地系统与规划[M]. 北京:中国建筑工业出版社,
　　2011.

［18］张秋雨. 承德市山水景观风貌建设研究[D]. 天津:河北农业大学,2011.

［19］俞孔坚,吉庆萍. 国际"城市美化运动"之于中国的教训(上)——渊源、内涵与蔓
　　延[J]. 中国园林,2001(3):22-37.

［20］[美]凯文·林奇. 城市意象[M]. 方益萍,何晓军,译. 北京:华夏出版社,2002.

[21] 窦宝仓. 城市风貌规划方法研究——以明城墙内为例[D]. 西安:西北大学, 2011.

[22] 高杨. 山地城市特质景观的整体性探析——以贵阳市花溪片区景观规划为例 [D]. 天津:天津大学,2005.

[23] 张继刚. 城市风貌的评价与管治研究[D]. 重庆:重庆大学,2001:1-3.

[24] [日]荣山庆二(Sakayama Keiji). 日本文物建筑保护及维修方法研究[D]. 北京: 清华大学,2013.

[25] 吴伟. 城市岁月学引论[C]//吴伟. 城市特色研究与城市风貌规划:世界华人建 筑师协会城市特色学术委员会 2007 年会论文集. 上海:同济大学出版社,2007: 11-12.

[26] [日]西村幸夫,历史街区研究会. 城市风景规划——欧美景观控制方法与实务 [M]. 张松,蔡敦达,译. 上海:上海科学技术出版社,2005.

[27] 张剑涛. 城市形态学理论在历史风貌保护区规划中的应用[J]. 城市规划汇刊, 2004(6):58-66.

[28] 李晖,杨树华,李国彦,等. 基于景观设计原理的城市风貌规划——以《景洪市澜 沧江沿江风貌规划》为例[J]. 城市问题,2006(5):40-44.

[29] 范颖. 基于文化地理学视角的楚雄城市特色景观风貌研究[D]. 昆明:昆明理工 大学,2007.

[30] 戴宇. 基于城市格局与肌理的城市风貌改造——以都江堰市等为例[D]. 成都: 西南交通大学,2005.

[31] 沈克. 系统论思想与城市建设[J]. 西部探矿工程,2004(6):210-211.

[32] 奚江琳,李晓东,潘晨. 城市生态规划中的系统思维[J]. 山西建筑,2007,33(2): 4-6.

[33] 王磊,董磊,吴伟. 基于系统论的城市规划研究[J]. 沿海企业与科技,2008(1): 41-42.

[34] 张继刚. 城市景观风貌的研究对象、体系结构与方法浅谈——兼谈城市风貌特 色[J]. 规划师,2007,23(8):14-18.

[35] 侯正华. 城市特色危机与城市建筑风貌的自组织机制——一个基于市场化建设 体制的研究[D]. 北京:清华大学,2003.

[36] 柏森. 基于系统论的城市绿地生态网络规划研究——以常山县为例[D]. 南京: 南京林业大学,2011.

[37] 尹潘. 城市风貌规划方法及研究[M]. 上海:同济大学出版社,2011:162-165.

[38] 吴伟,陶石,李敏,等. 山东省沂源县城市风貌规划简介[C]//吴伟. 城市特色研 究与城市风貌规划:世界华人建筑师协会城市特色学术委员会 2007 年会论文 集. 上海:同济大学出版社,2007:36-39.

[39] 张峰. 南平市城市风貌特色构建研究[D]. 重庆:重庆大学,2010.

[40] 茅海容,张震,贺旺. 襄樊市城市景观风貌规划[J]. 城市规划通讯,2009(7): 14-16.

[41] 黎珂希. 桂林市城市景观风貌与特色城市空间结构研究[D]. 桂林:桂林理工大

学,2010.

[42] 王一婷.哈尔滨历史街道景观视觉特征研究[D].哈尔滨:哈尔滨工业大学,
　　　2010.

[43] 杨华文,蔡晓丰.城市风貌的系统构成与规划内容[J].城市规划学刊,2006(2):
　　　59-62.

[44] 蔡晓丰.基于系统理论的城市风貌及其评价研究[J].新建筑,2007(2):4-7.

[45] 马玉芸.城市景观风貌控制与规划方法探析——以广州市花都区为例[D].广
　　　州:华南理工大学,2011:22,51-52,65-66.

[46] 吴伟,代琦.城市形象定位与城市风貌分类研究[J].上海城市规划,2009(1):
　　　16-19.

[47] 朱萌.省域城市景观特色审美结构研究——以江苏省为例[D].武汉:华中科技
　　　大学,2006.

[48] 齐康.文脉与特色——城市形态的文化特色[J].城市发展研究,1997(1):20-24.

[49] 程金龙.基于系统论的城市旅游形象理论研究[D].上海:上海师范大学,2006
　　　(5):28.

[50] 谷康,王志楠.城市绿地系统景观资源整合研究——以扬州市城市绿地系统规
　　　划为例[J].福建林业科技,2011,38(2):111-116.

[51] 金广君,张昌娟,戴冬晖.深圳市龙岗区城市风貌特色研究框架初探[J].城市建
　　　筑,2004(2):66-70.

[52] 王雨田.控制论、信息论、系统科学与哲学[M].2版.北京:中国人民大学出版
　　　社,1988:338-340.

[53] 吴凯.景观评价模式研究——兼北京奥林匹克公园景观评价[D].南京:南京林
　　　业大学,2009:38-41.

[54] 苗雅杰,吕帅.区域旅游形象口号类型及其影响因素分析[J].旅游论坛,2010,6
　　　(3):314-317.

[55] 李蕾蕾.旅游点形象定位初探——兼析深圳景点旅游形象[J].旅游学刊,1995
　　　(3):29-31.

[56] 段德罡,刘瑾.貌由风生——以宝鸡城市风貌体系构建为例[J].规划师,2012,
　　　28(1):100-106.

[57] 杨瑞卿.徐州市城市绿地景观格局与生态[D].南京:南京林业大学,2006:70.

[58] 张浪.特大型城市绿地系统布局结构及其建构研究——以上海为例[D].南京:
　　　南京林业大学,2007:37-38.

[59] 何昉,康汉起,许新立,等.珠三角绿道景观与物种多样性规划初探——以广州
　　　和深圳绿道为例[J].风景园林,2010(2):74-80.

[60] 曾冬.地域化商业步行街景观设计研究[D].北京:中央美术学院,2011:40-44.

[61] 陈宇.城市街道景观设计文化研究[D].南京:东南大学,2006:66.

[62] 赵岩,谷康.城市道路绿地景观的文化底蕴[J].南京林业大学学报(人文社会科
　　　学版),2001(2):59-60.

[63] 向珂.整合与渗透——东海县石安河滨水绿地外边界空间设计研究[D].南京:

南京林业大学,2012:49-50.

[64] 疏良仁,肖建飞,郭建强,等. 城市风貌规划编制内容与方法的探索——以杭州市余杭区临平城区风貌规划为例[J]. 城市发展研究,2008,15(2):23-27.

[65] 欧阳勇锋. 城市广场人性化设计研究[D]. 杨凌:西北农林科技大学,2005:4-5.

[66] 郑宏. 广场设计[M]. 北京:中国林业出版社,2000.

[67] 张鎏. 现代城市纪念性广场景观设计[D]. 长沙:湖南大学,2009:33-40.

[68] 北京市建筑设计研究院西单文化广场设计组. 面向新世纪的北京西单文化广场[J]. 建筑学报,2000(3):51-55.

[69] 王鲁民,宋鸣笛. 关于休闲层面上的城市广场的思考[J]. 规划师,2003,19(3):51-53.

[70] 傅崇兰. 城市广场的人文研究[D]. 北京:中国社会科学院研究生院,2005:174-175.

[71] 中华人民共和国住房和城乡建设部. 城市绿地分类标准:CJJ/T 85—2017[S]. 北京:中国建筑工业出版社,2007.

[72] 吴雅婷,肖斌. 城市公共开放空间景观设计及整合研究[J]. 西北林学院学报,2010,25(2):188-191.

[73] 陈蓉. 城市公园绿地主题的确立与表达[D]. 南京:南京林业大学,2010:31-32.

[74] 连丽花. 常州市公园绿地布局研究[D]. 南京:南京林业大学,2010:81.

[75] 王进. 城市口袋公园规划设计研究[D]. 南京:南京林业大学,2009.

[76] 曹利华,王世仁,刘托,等. 建筑美学[M]. 北京:科学普及出版社,1991:31.

[77] 徐千里. 创造与评价的人文尺度——中国当代建筑文化分析与批判[M]. 北京:中国建筑工业出版社,2000.

[78] 苑征,李湛东,徐海生,等. 公园绿地常绿与落叶树种比例的比较分析[J]. 北京林业大学学报,2010(S1):194-199.

[79] 彭飞. 城市绿地中水景的现状与设计研究——以上海市为例[D]. 保定:河北农业大学,2012:44-50.

[80] 张云生. 当前城市风貌整治设计研究[D]. 成都:西南交通大学,2007:86-88.

[81] 丁海昕. 花境在城市道路绿地中的应用研究——以南京、上海、杭州为例[D]. 南京:南京林业大学,2010:38-50.

内 容 简 介

本书立足于相关理论研究和具体实践成果，系统、全面地研究了武进城市绿地景观风貌。首先梳理相关基础知识及理论，总结国内外城市绿地景观风貌规划研究的进展，基于系统论对城市绿地景观风貌展开研究，从基本特征、指导方法和规划内容等方面对城市绿地景观风貌进行详细的解读。然后在此背景和基础上，从绿地景观概况、绿地景观风貌系统规划、总体结构布局和详细设计引导等方面对武进城市绿地景观风貌进行详尽的阐述和归纳，即以武进城市绿地景观风貌系统规划为例，从宏观、中观、微观三个层次探讨武进绿地景观风貌的具体实践，为相关研究提供理论基础和思路参考。

本书适合风景园林及相关专业的高校师生和从事风景园林规划设计工作的人员阅读参考。

图书在版编目(CIP)数据

武进中心城区绿地景观风貌构建 / 谷康，等著.
南京：东南大学出版社，2019.12
ISBN 978-7-5641-8750-7

Ⅰ.①武⋯　Ⅱ.①谷⋯　Ⅲ.①城市绿地—景观设计—研究—武进区　Ⅳ.①TU985.2

中国版本图书馆 CIP 数据核字(2019)第 285843 号

武进中心城区绿地景观风貌构建
WUJIN ZHONGXIN CHENGQU LVDI JINGGUAN FENGMAO GOUJIAN

著　　者：谷康　潘丽琴　潘翔　朱春艳　谷雷鸣 等
出版发行：东南大学出版社
社　　址：南京市四牌楼 2 号　　邮编：210096
出 版 人：江建中
责任编辑：宋华莉　姜 来
网　　址：http://www.seupress.com
电子邮箱：press@seupress.com
经　　销：全国各地新华书店
印　　刷：徐州绪权印刷有限公司
开　　本：787 mm×1 092 mm　1/16
印　　张：13
字　　数：304 千字
版　　次：2019 年 12 月第 1 版
印　　次：2019 年 12 月第 1 次印刷
书　　号：ISBN 978-7-5641-8750-7
定　　价：118.00 元

本社图书若有印装质量问题，请直接与营销部联系。电话:025-83791830